浙江省渔业经济发展评估与应用研究

王志文　陈思超　茅克勤　陈　骥 著

浙江工商大学出版社
ZHEJIANG GONGSHANG UNIVERSITY PRESS

·杭州·

图书在版编目（CIP）数据

浙江省渔业经济发展评估与应用研究 / 王志文等著
. — 杭州 : 浙江工商大学出版社，2024.6
ISBN 978-7-5178-5962-8

Ⅰ. ①浙⋯ Ⅱ. ①王⋯ Ⅲ. ①海洋经济—区域经济发
展—研究—浙江 Ⅳ. ①P74

中国国家版本馆CIP数据核字(2024)第040789号

浙江省渔业经济发展评估与应用研究

ZHEJIANG SHENG YUYE JINGJI FAZHAN PINGGU YU YINGYONG YANJIU

王志文　陈思超　茅克勤　陈　骥 著

责任编辑	谭娟娟
责任校对	沈黎鹏
封面设计	蔡思婕
责任印制	包建辉
出版发行	浙江工商大学出版社
	（杭州市教工路198号　邮政编码310012）
	（E-mail：zjgsupress@163.com）
	（网址：http://www.zjgsupress.com）
	电话：0571-88904980,88831806(传真)
排　　版	杭州朝曦图文设计有限公司
印　　刷	杭州高腾印务有限公司
开　　本	710mm×1000mm　1/16
印　　张	10.25
字　　数	157千
版 印 次	2024年6月第1版　2024年6月第1次印刷
书　　号	ISBN 978-7-5178-5962-8
定　　价	49.00元

序

由内陆走向海洋，由海洋走向世界，是世界历史上强国发展的必由之路。历史的经验反复告诉我们，一个国家"向海则兴、背海则衰"，21世纪更被世界各国称为"海洋世纪"。

党中央和国务院高度重视海洋事业的发展，将海洋开发与利用上升为国家发展战略。2008年，国务院发布了中华人民共和国成立以来首个海洋领域的总体规划——《国家海洋事业发展规划纲要》，指导海洋事业的全面、协调和可持续发展。2012年11月，党的十八大报告指出，中国将"提高海洋资源开发能力，发展海洋经济，保护海洋生态环境，坚决维护国家海洋权益，建设海洋强国"。自此，"建设海洋强国"战略被明确提出。2013年7月30日，中共中央政治局就建设海洋强国进行第八次集体学习，习近平总书记在主持学习时对"建设海洋强国"的重要意义、道路方向和具体路径作了系统的阐述，把"建设海洋强国"融入"两个一百年"的奋斗目标里，融入实现中华民族伟大复兴中国梦的征程之中，提出"建设海洋强国"的"四个转变"要求。2017年10月，习近平总书记在党的十九大报告中进一步强调了要"坚持陆海统筹，加快建设海洋强国"。在"建设海洋强国"战略的指引下，沿海各省区市积极落实中央决策部署，纷纷提出了发展海洋经济的相关政策与规划，如浙江、山东、福建、广东等地均提出了"建设海洋强省"的目标。值得一提的是，早在2003年，时任浙江省委书记的习近平同志就为浙江省擘画了全省持续坚持的"八八战略"之一，即"大力发展海洋经济，推动欠发达地区跨越式发展，努力使海洋经济和欠发达地区的发展成为浙江经济新的增长点"。

"建设海洋强国"战略涉及海洋资源开发利用、海洋经济发展、海洋生态环境保护、海洋科技创新、海洋权益与国家安全维护、海洋文化建设与交流、海洋命运共同体建设等领域。这些领域相互制约,相辅相成,其中海洋经济是核心内容,是"建设海洋强国"战略的关键环节,更是重要驱动力。推进海洋经济的高质量发展,离不开相应的统计调查、核算、评估与监测体系建设。

自2005年以来,浙江工商大学海洋经济统计研究团队一直参与浙江省海洋经济相关主管部门的统计工作,承担过浙江省海洋经济调查、海洋经济评估模型研究及海洋经济监测平台建设等任务,与浙江省海洋技术中心、浙江省海洋科学院有着紧密的科研合作。2019年,浙江工商大学统计与数学学院牵头组织团队,联合浙江省海洋科学院,开展海洋经济统计系列专著的撰写工作。团队选定了海洋经济发展评估、海岛经济发展、海洋工程建设、海洋节能减排、海洋经济监测等多个主题,利用公开的各类海洋经济统计资料,开展了大量的数据收集、统计分析与综合评价等工作。

该系列专著得到了浙江省登峰学科、浙江省重点建设高校优势特色学科、浙江工商大学经济运行态势预警与政策推演实验室(浙江省哲学社会科学实验室)、浙江工商大学统计数据工程技术与应用协同创新中心(浙江省2011协同创新中心)的资助,也得到了浙江省自然资源厅、浙江省统计局、浙江省海洋科学院等单位的指导和支持,还得到了浙江工商大学出版社的配合。我们希望本系列专著的出版,能够展示浙江省海洋经济发展的现状和发展趋势,为海洋经济相关主管部门的政策制定提供基础依据。但由于团队所掌握的统计资料不够全面,研究能力与海洋经济发展的实际需求有一定的脱节,此次出版的系列专著中还存在许多不足和可供进一步讨论的内容,欢迎专家学者们批评指正。

海洋经济发展是一项长期发展的国家战略。我们相信在学术界、实务界人士的共同推动下,海洋经济统计体系建设必定会取得长足进步,为我国经济高质量发展增添不竭动力。

苏为华

于浙江工商大学

引　言

一、研究背景与意义

改革开放以来,我国渔业发展十分迅猛。《2022年全国渔业经济统计公报》①显示,2022年全国渔业经济继续保持良好的发展势头,渔业经济总产值达到30873.14亿元。其中,渔业产值达15267.49亿元,渔业工业和建筑业产值达6621.17亿元,渔业流通和服务业产值为8984.48亿元,3个产业产值的比例为49.5∶21.4∶29.1。从纵向比较来看,渔业经济规模发展迅速,渔业产值与1990年的410.60亿元相比,增长了36倍多,养捕比例也由"十二五"末的74∶26提高到80∶20。

渔业作为农业不可或缺的部分,不管是对微观个人还是对宏观经济的发展都至关重要。从微观角度来看,渔业的发展不仅使得水产品产量大幅度地提高,产品质量与之前相比,也有了极大的提升。渔业的发展在解决了渔民的温饱问题的同时,还解决了渔民的就业问题,使得渔民有了稳定的收入来源。《2022年全国渔业经济统计公报》显示,2022年全国渔民人均纯收入为24614.41元,比2021年增加1172.28元、增长5.00%,这表明渔民的家庭收入水平和消费水平也得到了极大的提高。从宏观经济层面来看,2022年全国渔业

---

① 可参阅《2022年全国渔业经济统计公报》(http://www.yyj.moa.gov.cn/kjzl/202306/t20230628_6431131.htm)。

1

人口共有1619.45万人,水产品加工企业共有9331家,水产品进出口总量达1023.28万吨、进出口总额达467.38亿美元。这表明渔业的发展不仅为相关行业增加了大量社会就业岗位,而且促进了经济发展和国内国际双循环。所以,渔业的可持续发展对于保障饮食安全、促进家庭增收和增加就业岗位等方面均具有非常重要的意义。

在渔业经济保持高速发展的同时,党中央、国务院及相关部委也先后出台相关政策,诸如渔业柴油补贴政策、渔业资源保护补助政策、以船为家渔民上岸安居工程政策、渔船更新改造补助政策等。例如,2018年,国家发展改革委、农业农村部印发《全国沿海渔港建设规划(2018—2025年)》①,并在2019年的《关于加快推进水产养殖业绿色发展的若干意见》②中提出"将绿色发展理念贯穿于水产养殖生产全过程,推行生态健康养殖制度"等;随后又在《2020年渔业渔政工作要点》③中,强调坚持不懈稳数量、提质量、转方式、保生态,持之以恒地推进渔业高质量发展。在渔业生产要素中,科技要素有重要地位。2021年,国务院印发《"十四五"推进农业农村现代化规划》④,提出要加快渔业转型升级。

浙江省委省政府也先后提出多项政策,通过采取相关措施,建立优势水产产业带,建设高标准水产养殖基地,对水产品质量进行把关,积极拓展远洋渔业,同时开发渔业休闲业,为渔业发展添砖加瓦。2021年,浙江省农业农村厅印发《浙江省渔业高质量发展"十四五"规划》⑤,为推进渔业谋篇布局和高质量发展提供科学发展指南。2022年,《浙江省中央财政渔业发展补助资金管理

---

① 可参阅《国家发展改革委 农业农村部关于印发全国沿海渔港建设规划(2018—2025年)的通知》(发改农经〔2018〕597号)。

② 可参阅农业农村部、生态环境部等多部委联合发布的《关于加快推进水产养殖业绿色发展的若干意见》(农渔发〔2019〕1号)。

③ 可参阅《农业农村部办公厅关于印发〈2020年渔业渔政工作要点〉的通知》(农办渔〔2020〕5号)。

④ 可参阅《国务院关于印发〈"十四五"推进农业农村现代化规划〉的通知》(国发〔2021〕25号)。

⑤ 可参阅《浙江省农业农村厅关于印发〈浙江省渔业高质量发展"十四五"规划〉的通知》(浙农渔发〔2021〕18号)。

实施细则》①的出台为渔业高质量发展提供政策支撑。

然而,渔业在飞速发展的同时,也逐渐暴露出了各种弊端,比如渔业资源日渐衰弱、近岸渔业生态系统日趋恶劣、加工技术落后、渔业资源利用率较低、养殖品种衰退和灾害频发等。除此之外,更为核心的弊端是,中国渔业还是以传统的粗放型的增长方式为主,依靠生产要素的积累,如劳动力的叠加、养殖面积的扩大等来提高渔业产量,而并非通过技术进步来促进渔业的发展。由于粗放型的增长方式受到资源的有限性、边际效用递减的规律等的限制,这种作业方式是不可持续的;同时,产业结构不合理,产业化发展水平低,渔业发展还是以第一产业为主,第二、三产业的发展较为滞后,制约了渔业经济的可持续发展。由此可见,渔业产业转型迫在眉睫,如何调整渔业产业的发展思路,转变渔业的增长方式,提升渔业作业的技术,通过技术的提升及效率的提高来拉动渔业经济的发展,成了当下急需解决的问题。

基于此,本书以"浙江省渔业经济发展评估与应用研究"为题,围绕浙江省近年来的发展情况,试图回答以上问题。我们认为本书的研究意义在于:第一,开展了浙江省渔业经济发展数据的整理工作,将统计、渔业、自然资源、生态环境、科技和教育等部门有关渔业的统计资料进行汇总,以评估为目的,形成了相应的数据库;第二,针对渔业经济发展情况进行系统测算,描述了渔业经济发展的水平、结构效应及产业关联特征等,形成了相应的评价指标体系、评价模型等成果,并开展了多主题、相互关联的评估应用工作;第三,通过研究、测算与分析,揭示了渔业经济发展过程中存在的问题与不足,为相关部门的科学决策提供基础依据。

二、研究内容与框架

本书围绕渔业经济的评估问题,从浙江省海洋经济现状分析出发,对研究内容进行设计。全书主要分为6章,具体安排如下:

第一章是"浙江省渔业经济发展的演变趋势"。该章主要围绕渔业产出规模、投入要素与产业结构等方面,对浙江省渔业经济规模、产量规模、生产要素

---

① 可参阅浙江省财政厅、浙江省农业农村厅联合发布的《浙江省中央财政渔业发展补助资金管理实施细则》(浙财农〔2022〕1号)。

与结构等问题进行"纵向时序分析"与"横向对比分析"。通过对渔业经济规模变动、产量规模变动、要素投入变动和渔业结构变动的分析,利用渔业经济总产值、水产品总产值、渔业从业人员等指标,总结浙江省渔业经济发展的现状、特点与变动趋势。

第二章是"浙江省渔业生产要素的贡献分析"。该章首先对渔业生产要素的贡献理论进行剖析,阐述影响渔业生产要素贡献度的相关变量;其次对传统生产函数进行拓展,建立符合渔业经济的生产函数形式,并利用浙江省及我国其他10个东部沿海省区市的渔业经济面板数据进行实证分析,通过单位根检验、协整检验等步骤,建立面板数据固定效应模型,并测算渔业生产要素的贡献度;最后根据测算结果提出相关政策建议。

第三章是"浙江省渔业生产的全要素生产率分析"。该章主要从全要素出发,采用窗口数据包络分析(Data Envelopment Analysis,DEA)法与窗口前沿交叉参比Malmquist指数来测算浙江省及全国其他沿海省区市的渔业全要素生产率(Total Factor Productivity,TFP),并对分解得到的相应指数进行分析,为相关政府部门制定今后的渔业资源的开发利用决策提供参考依据,以助于推动渔业经济高质量发展,实现渔业经济可持续发展。

第四章是"浙江省渔业产业关联特征分析"。该章主要在投入产出、产业关联性等相关理论的基础上,从多个视角对浙江省渔业与其他产业的内在关系和结构进行深入研究,定量地分析渔业对其他产业的影响,从而促进浙江省渔业自身的结构优化,促进其他产业的协调发展,进而提出一些有针对性的政策建议。

第五章是"浙江省渔业碳排放效率测算"。该章通过开展浙江省渔业碳排放评估研究,构建精准化的渔业碳排放效率测算方法,以助于准确把握渔业生产所带来的气候变化影响,这对遏制全球变暖进程、制定渔业碳排放控制措施及保护海洋生态环境等具有重要的指导意义,同时为中国实现"碳达峰""碳中和"等目标提供渔业领域的量化参考依据。

第六章是"浙江省渔业高质量发展的测算与动态趋势分析"。该章基于浙江省海洋渔业的发展状况,界定海洋渔业高质量发展的内涵,并从资源与环境保护、渔业经济发展潜力、渔业产业结构、渔业创新水平及社会综合发展等方面构建浙江省渔业高质量发展评价指标体系,并对浙江省渔业高质量发展的情况进行测算和分析,以期为渔业高质量发展提供政策依据。

三、研究方法与创新点

本书围绕渔业经济的评估问题,以统计测度与分析为目标,综合运用综合评价、计量经济、多目标决策等多种方法。

综合评价方法。利用多指标综合评价理论,根据不同的渔业经济评估主题,通过构建指标体系、优化分配指标权重、无量纲化处理等过程,以综合得分的方式展示评价内容的整体水平。这一方法被应用于第五章和第六章的评价问题中。

计量经济方法。本书主要应用面板模型、因果模型和指数分解方法。第二章采用格兰杰因果关系模型检验了变量之间的因果关系,并采用面板模型测算渔业生产要素的贡献程度。第三章采用窗口前沿交叉参比 Malmquist 指数测算全国沿海省区市的全要素生产率,还运用窗口 DEA 法测算浙江省及其他沿海省区市的渔业规模收益,并进行对比分析,从而了解各沿海省区市的规模报酬情况。

多目标决策方法。本书主要将灰色关联分析方法、熵权法、MCDM-WSS-BM 法等应用于相应的评估环节。例如,第五章构建 MCDM-WSS-BM 法,并将之应用于渔业碳排放效率测算与分析中;第六章采用熵权法和灰色关联分析方法测算渔业高质量发展的指标权重。

投入产出模型。本书主要采用投入产出模型和投入产出表。第四章采用投入产出模型和投入产出表,分析渔业产业关联特征,测算直接消耗系数和间接消耗系数等,并对渔业部门的感应力和影响力进行分析。

全书的创新之处主要体现在3个方面:第一,较为系统地围绕浙江省渔业经济发展问题开展评估,分别从发展趋势、产业结构、投入产出、渔业碳排放及渔业高质量发展等角度进行研究,拓展了渔业经济的分析视角;第二,采用投入产出模型、综合评价模型、计量经济模型等多种统计分析方法,对渔业经济发展、产业结构特征、要素投入等方面进行分析,推动了统计分析方法在渔业经济评估模型中的落地;第三,在渔业经济研究方面,对现有的分析模型进行了改进与应用。例如,采用窗口前沿交叉参比 Malmquist 指数和窗口 DEA 等方法进行测算,有利于完善渔业经济统计分析的方法体系。

目　录

第一章

浙江省渔业经济发展的演变趋势

本章围绕渔业产出规模、投入要素与产业结构等方面,对浙江省渔业经济规模、产量规模、生产要素与结构等问题进行"纵向时序分析"与"横向对比分析"。本章利用渔业经济总产值、水产品总产值、渔业从业人员等指标,通过对渔业经济规模变动、产量规模变动、要素投入变动和渔业结构变动的分析,总结浙江省渔业经济发展的现状、特点与变动趋势。

第一节 | 渔业产出规模分析

渔业产出规模是了解渔业发展的风向标。本节利用《中国渔业统计年鉴》《浙江统计年鉴》等相关资料,从渔业经济规模与渔业产量规模2个方面,进行整体、行业内差异、地区差异的比较分析。本节结合2004—2021年的动态数据,总结浙江省渔业产出规模发展的趋势。

一、渔业经济规模

（一）浙江省渔业经济规模分析

1.渔业经济规模总量分析

浙江省作为中国东南沿海重要的渔业大省之一,拥有较长的海岸线和丰富的水域资源,渔业资源非常丰富。根据浙江省的相关数据,浙江省渔业经济规模总量呈现出快速增长的趋势。2004年,浙江省渔业经济总产值为872.61亿元,2021年已经达到2330.74亿元,较2004年增长167.10%,年均增速为5.95%。具体数据见表1.1。

表1.1　浙江省与全国渔业经济规模总量对比

单位:亿元

年份	渔业经济总产值			浙江省地区生产总值
	浙江省	全国	浙江省排名	
2004	872.61	6702.38	2	11648.70
2005	969.50	7619.07	3	13417.68

年份	渔业经济总产值			浙江省地区生产总值
	浙江省	全国	浙江省排名	
2006	1104.51	8578.29	3	15718.47
2007	1247.57	9539.13	2	18753.73
2008	1273.83	10397.50	3	21462.69
2009	1195.24	11445.13	3	22998.24
2010	1341.58	12929.48	4	27747.65
2011	1586.51	15005.01	3	32363.38
2012	1719.93	17321.88	5	34739.13
2013	1785.20	19351.89	5	37756.58
2014	1928.36	20858.95	6	40173.03
2015	2017.23	22019.94	6	43507.72
2016	1964.98	23243.44	6	47254.04
2017	2285.29	24761.22	6	52403.13
2018	2181.46	25864.48	6	58002.84
2019	2232.63	26406.50	6	62462.00
2020	2223.98	27543.47	6	64689.06
2021	2330.74	29689.73	6	73515.76

数据来源:《中国渔业统计年鉴》相关年份统计数据。

2.渔业子行业经济规模分析

本小节对渔业子行业的发展情况进行分析,以全面反映浙江省渔业经济的发展现状及特点。从动态数据来看,海洋捕捞业一直是浙江省渔业经济中的主导领域,海水养殖业与淡水养殖业次之,淡水捕捞业规模相对较小。2021年,浙江省海洋捕捞业总产值为627.38亿元,较2004年增长280.39%,占渔业经济总产值的比重由18.90%增至26.92%,增长超过8个百分点。2008年前,海水养殖业和淡水养殖业总产值的规模相近,2008年起,淡水养殖业比海水养殖业发展得更快,到2021年,淡水养殖业总产值为298.28亿元,较2004年增长217.86%,海水养殖业总产值为242.46亿元,较2004年增长150.99%,占比分别为12.80%和10.40%。淡水捕捞业发展的波动性较大,2004年实现总产值

6.62亿元,2020年达到34.58亿元,为2004—2021年的最高水平,2021年实现总产值20.21亿元,与2004年相比,增幅达到205.29%。具体数据见表1.2。

表1.2　浙江省渔业子行业发展规模(总产值)

年份	渔业规模/亿元	海水养殖业		淡水养殖业		海洋捕捞业		淡水捕捞业	
		规模/亿元	占比/%	规模/亿元	占比/%	规模/亿元	占比/%	规模/亿元	占比/%
2004	872.61	96.60	11.07	93.84	10.75	164.93	18.90	6.62	0.76
2005	969.50	91.58	9.45	89.38	9.22	188.27	19.42	11.58	1.19
2006	1104.51	96.28	8.72	95.33	8.63	200.15	18.12	11.76	1.06
2007	1247.57	95.24	7.63	105.27	8.44	218.73	17.53	13.00	1.04
2008	1273.83	87.02	6.83	118.19	9.28	210.43	16.52	12.41	0.97
2009	1195.24	89.62	7.50	123.03	10.29	215.13	18.00	7.70	0.64
2010	1341.58	109.14	8.14	147.39	10.99	256.65	19.13	9.00	0.67
2011	1586.51	89.62	5.65	123.03	7.75	215.13	13.56	7.70	0.49
2012	1719.93	129.34	7.52	185.93	10.81	355.19	20.65	16.59	0.96
2013	1785.20	141.91	7.95	195.80	10.97	357.53	20.03	19.13	1.07
2014	1928.36	150.85	7.82	193.94	10.06	380.56	19.73	14.10	0.73
2015	2017.23	157.46	7.81	201.45	9.99	399.24	19.79	13.86	0.69
2016	1964.98	144.33	7.35	232.59	11.84	281.07	14.30	12.20	0.62
2017	2285.29	206.55	9.04	316.21	13.84	437.33	19.14	19.18	0.84
2018	2181.46	213.47	9.79	228.17	10.46	575.43	26.38	26.20	1.20
2019	2232.63	227.66	10.20	238.51	10.68	582.16	26.08	32.60	1.46
2020	2223.98	244.39	10.99	247.70	11.14	585.54	26.33	34.58	1.55
2021	2330.74	242.46	10.40	298.28	12.80	627.38	26.92	20.21	0.87

数据来源:《中国渔业统计年鉴》相关年份统计数据。

（二）与全国其他沿海省区市的对比

1.渔业规模总量对比

尽管浙江省的渔业经济发展总量总体呈上升趋势,但从动态数据来看,浙江省渔业经济总产值在全国的占比和在沿海省区市中的排名逐年下降。自2011年以后,浙江省的渔业经济逐渐被其他沿海省区市超越,失去了在全国范围内的优势地位。

2010年前,浙江省渔业经济总产值在全国范围内占据优势,稳居前三,但2010—2021年排名仅保持在前6位。此外,2004年至2008年间,浙江省渔业经济总产值占全国的比重稳定在12%以上,2011年以后,这个数值不足10%,2021年仅为7.85%。同时,浙江省渔业经济总产值占地区生产总值的比重也呈下降趋势,由2004年的7.49%降至2021年的3.17%。具体数据见图1.1。

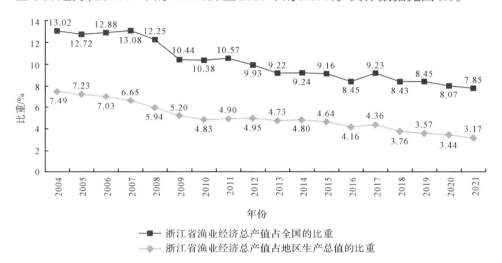

图1.1　浙江省渔业经济总产值的份额指标(2004—2021年)

2.渔业子行业对比

根据公布的《2022中国渔业统计年鉴》,与全国及其他沿海省区市相比,浙江省的渔业子行业存在明显差异。2021年,浙江省海水养殖业、淡水养殖业总产值的比重比全国水平分别低4.09个百分点和12.37个百分点,海洋捕捞业总产值的比重比全国水平高19.16个百分点,淡水捕捞业总产值的比重与全国水平相差不多。对比浙江省和广东省这两个沿海省份,可以发现它们在渔业子行业方面存在显著差异。①具体而言,浙江省的海水养殖业总产值占比低于广东省,相差7.34个百分点;淡水养殖业方面,浙江省也低于广东省,相差7.45个百分点;然而,浙江省在海洋捕捞业方面的占比高于广东省,相差23.25个百

①包括海洋工程建筑业。根据《2022中国渔业统计年鉴》,广东省2021年渔业经济总产值为4081.71亿元,位列全国11个沿海省区市之首。

分点;而淡水捕捞业方面,两个省份的比重相差不到1个百分点。具体数据见表1.3。

表1.3 2021年浙江省渔业经济结构与沿海省区市、全国的对比

单位:%

地区	海水养殖业总产值占比	淡水养殖业总产值占比	海洋捕捞业总产值占比	淡水捕捞业总产值占比
全国	14.49	25.17	7.76	1.13
天津	6.56	67.61	17.73	1.03
河北	43.99	15.70	19.47	2.10
辽宁	31.56	8.53	8.28	0.51
上海	0.18	44.68	42.67	0.30
江苏	8.12	31.72	4.89	3.53
浙江	10.40	12.80	26.92	0.87
福建	28.44	6.26	11.81	0.46
山东	26.49	5.47	8.34	0.50
广东	17.74	20.25	3.67	0.45
广西	21.05	18.38	7.07	0.64
海南	22.69	9.45	39.85	0.40

数据来源:《中国渔业统计年鉴》相关年份统计数据。

(三)与浙江省第一产业的比较

渔业经济总产值占第一产业总产值的比重,反映了渔业经济在第一产业中的重要性。根据《中国渔业统计年鉴》与《浙江统计年鉴》,浙江省渔业经济总产值和第一产业总产值呈明显的上升趋势。此外,浙江省渔业经济总产值在第一产业总产值中的比重保持在60%以上。特别是在2006年、2007年和2017年,这一数值超过75%,达到了近年来的最高水平。具体数据见表1.4。

表1.4 浙江省渔业经济规模与第一产业经济规模的对比

年份	渔业经济总产值/亿元	第一产业总产值/亿元	占比/%
2004	872.61	1332.27	65.50
2005	969.50	1428.28	67.88

年份	渔业经济总产值/亿元	第一产业总产值/亿元	占比/%
2006	1104.51	1422.60	77.64
2007	1247.57	1597.15	78.11
2008	1273.83	1780.01	71.56
2009	1195.24	1873.40	63.80
2010	1341.58	2172.86	61.74
2011	1586.51	2534.90	62.59
2012	1719.93	2658.67	64.69
2013	1785.20	2837.39	62.92
2014	1928.36	2844.59	67.79
2015	2017.23	2780.5	72.55
2016	1964.98	2968.1	66.20
2017	2285.29	3015.22	75.79
2018	2181.46	3070.04	71.06
2019	2232.63	3256.53	68.56
2020	2223.98	3387.34	65.66

数据来源:《中国渔业统计年鉴》相关年份统计数据。

二、渔业产量规模

（一）浙江省渔业产量规模分析

1. 水产品规模总量

从历史统计数据来看,浙江省水产品年均产量为526.65万吨,总产量呈现出波动上升的趋势,其中2010—2016年增长得比较明显,但增幅逐渐缩小。2016年的总产量为604.54万吨,为2004—2021年的最高水平,2021年全年实现水产品产量599.05万吨,比2004年增长105.52万吨。具体情况见图1.2。

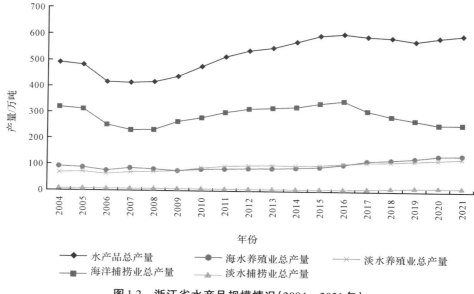

图 1.2 浙江省水产品规模情况(2004—2021 年)

2. 水产品子行业产量

根据动态数据分析,浙江省的渔业水产品以海水产品为主,在海水产品中,海洋捕捞业的产量最大,海水养殖业次之。而淡水产品中,淡水养殖业的产量最大。具体来看,2021 年海水产品的产量达到了 396.18 万吨,淡水产品的产量为 142.03 万吨;海洋捕捞业的年均产量为 290.78 万吨,为海水养殖业年均产量的 3 倍多,2021 年海洋捕捞业的产量和海水养殖业的产量分别为 256.86 万吨、130.32 万吨。观察各产业海水产品和淡水产品的情况,可以发现:海洋捕捞业的产量有波动,但总体呈现下降趋势,2021 年相比 2004 年减少了 20.6%;淡水捕捞业的产量仅有轻微变化,年均产量达 10.58 万吨;海水养殖业的产量和淡水养殖业的产量呈现上升趋势,2021 年相比 2004 年分别增长了 48.6% 和 77.1%,年均产量分别为 98.28 万吨与 94.38 万吨。具体见图 1.2。

(二)与全国其他省区市的对比

将全国沿海省区市的水产品总产量进行整理,可以发现:2004—2021 年,浙江省年均水产品总产量为 526.64 万吨,位列全国第四,比排名第一的山东省少 287.70 万吨,比排名第二的广东省少 250.04 万吨,比排名第三的福建省少 143.52 万吨;相比 2004 年,2021 年浙江省水产品总产量增加 105.52 万吨,仅次于江苏省的 127.68 万吨。其中各省区市渔业水产品总产量的具体情况见表 1.5。

表 1.5　各省区市渔业水产品总产量对比

单位：万吨

年份	天津	河北	辽宁	上海	江苏	浙江	福建	山东	广东	广西	海南
2004	31.00	92.38	402.53	34.41	366.13	493.53	591.21	718.15	664.56	268.89	135.85
2005	33.81	98.95	425.34	35.35	388.66	483.77	602.22	736.14	695.23	283.94	150.01
2006	31.41	87.14	351.33	33.50	398.55	418.01	523.59	683.75	658.84	236.36	120.01
2007	31.15	90.64	361.27	32.00	408.99	415.13	531.90	712.77	664.44	246.06	132.27
2008	32.25	96.64	377.65	32.34	425.00	418.79	542.00	730.30	680.41	249.98	139.40
2009	33.40	100.41	400.61	30.90	443.22	440.31	567.52	753.59	702.60	262.28	145.49
2010	34.49	106.33	430.38	28.97	460.44	477.95	586.96	783.83	729.03	275.51	149.48
2011	35.21	106.71	451.47	28.73	475.97	515.81	603.74	813.83	762.53	289.23	160.24
2012	36.50	116.32	478.63	29.71	493.74	539.58	628.68	841.79	789.50	303.87	172.73
2013	39.86	123.06	505.03	28.88	509.38	550.82	658.48	863.16	816.13	319.34	183.14
2014	40.82	126.39	525.67	33.05	518.75	574.17	695.84	903.74	836.34	332.40	197.44
2015	40.10	129.71	531.28	32.44	521.05	597.83	733.90	931.27	858.22	345.92	204.89
2016	39.44	136.93	550.07	29.62	520.74	604.54	767.78	950.19	873.79	361.77	214.64
2017	32.33	116.46	479.44	26.89	507.59	594.45	744.57	868.00	833.54	320.77	180.79
2018	32.64	109.62	450.82	26.25	494.84	589.61	783.89	861.40	842.44	332.00	175.82
2019	26.22	99.01	455.01	28.03	484.12	576.72	814.58	823.27	866.40	342.15	172.16
2020	28.48	100.34	462.30	24.41	490.18	589.55	832.98	828.61	875.81	345.80	164.64
2021	27.33	108.10	482.41	22.79	493.81	599.05	853.07	854.42	884.52	354.81	164.09

数据来源：《中国渔业统计年鉴》相关年份统计数据。

第二节 ┃ 渔业要素投入分析

在渔业产出规模分析的基础上,本节我们将围绕渔业要素投入展开分析,并根据动态数据的测算结果总结渔业要素投入在浙江省、全国的演变特点。

渔业要素投入与产出效率和产出量密切相关,包括有形投入和无形投入,有形投入涉及固定资产投资、养殖面积、劳动力、渔船、水产苗种等,无形投入涉及技术、管理等。渔业固定资产投资在渔业生产过程中,会通过不同的形式转化为各种实物形态,比如渔船的购置与维修、鱼苗的购买、养殖场地的维护与扩展等等;此外,2007 年以后,《中国渔业统计年鉴》也不再将渔业固定资产投资纳入统计指标当中,造成了数据获取较为困难。基于上述几点,本书将渔业投入要素分为劳动力、水产养殖面积、水产苗种、渔船、技术几个方面。

劳动力:本书所指的劳动力是指渔业从业人员,计量单位为万人。

水产养殖面积:指在报告期内实际用于养殖水产品的水域的面积,包括淡水养殖面积和海水养殖面积。养殖面积法定计量单位为万公顷。

渔船:按有无动力设备分为机动渔船和非机动渔船。本书所指的均为机动渔船年末数,计量单位为万艘。

技术:技术虽然被定义成一项无形的投入要素,但是其最终的演变形式可以分为有形和无形 2 种,有形的包括水产技术推广机构数、水产技术推广机构经费等,无形的包括渔民技术培训、推广人员培训、渔业公共信息服务等。由于无形的技术难以核算,本书用水产技术推广机构经费衡量技术情况,计量单位为亿元。

水产苗种:渔业统计年鉴中,根据水域的不同,水产苗种可分为淡水鱼苗和海水鱼苗,且计量单位分别为亿尾、万尾。为了便于计算,本书将单位统一成亿尾,然后进行相加汇总。

一、浙江省渔业要素投入分析

从渔业要素投入的情况来看,浙江省渔业从业人员期末与期初相比有所下降,2021年,浙江省渔业从业人员数为62.97万人,比2004年减少16.48万人,其中2008—2012年间渔业从业人员的规模较为稳定,均保持在80万人以上,2012年后渔业从业人员数呈递减趋势。

水产养殖面积的变化情况也大致相同。2021年,浙江省水产养殖面积为24.94万公顷,比2004年减少22.88%,其中2007年水产养殖面积不足20万公顷,为2004—2021年间的最低水平。

机动渔船年末数则呈现先增后减的趋势,2004年末机动渔船数为4.97万艘,2009年则增至5.18万艘,达到2004—2021年间的最高水平,此后机动渔船年末数逐年减少,2021年为2.71万艘。

水产技术推广机构经费增长得较为明显,2004年经费总额仅为0.47亿元,2010年这一指标达到1.04亿元,2021年达到2.68亿元,相比2004年增幅超过470.21%。

从水产苗种的情况来看,水产苗种数量呈增长趋势,2004年为64.41亿尾,2021年共实现223.25亿尾,年均增长率达到7.86%,说明了浙江省每年投入的水产鱼苗的规模在不断地扩大。具体数据见表1.6。

表1.6　2004—2021浙江省渔业要素投入情况

年份	渔业从业人员/万人	水产养殖面积/万公顷	机动渔船年末数/万艘	水产技术推广机构经费/亿元	水产苗种/亿尾
2004	79.45	32.34	4.97	0.47	64.41
2005	74.92	31.76	4.83	0.49	71.32
2006	76.89	32.10	4.83	0.64	94.31
2007	75.45	19.02	5.03	0.65	96.33
2008	80.89	30.82	5.02	0.66	106.25
2009	80.45	31.40	5.18	0.80	109.69
2010	80.52	31.29	5.05	1.04	134.19
2011	80.70	30.40	5.03	1.12	123.93
2012	81.25	30.30	4.96	1.24	129.47
2013	79.28	30.24	4.67	1.25	146.67
2014	77.95	29.81	4.40	1.18	139.89

续表

年份	渔业从业人员/万人	水产养殖面积/万公顷	机动渔船年末数/万艘	水产技术推广机构经费/亿元	水产苗种/亿尾
2015	75.59	29.89	4.11	1.34	162.65
2016	69.04	28.10	3.97	1.92	162.15
2017	71.44	27.40	3.40	1.88	170.93
2018	68.74	26.07	3.18	1.81	184.94
2019	67.66	25.51	2.96	2.15	185.82
2020	65.44	25.48	2.86	2.05	188.03
2021	62.97	24.94	2.71	2.68	223.25

数据来源:《中国渔业统计年鉴》相关年份统计数据。

二、各要素投入与全国其他沿海省区市的对比

(一)渔业从业人员

从历史数据来看,2004—2021年,浙江省渔业年均从业人员数为74.92万人,与年均从业人员数排名前三的广东省、山东省、江苏省相比,分别少了57.87万人、45.32万人、40.75万人。与相邻省份福建省相比,年均渔业从业人员数少了近16万人。从发展趋势来看,浙江省渔业从业人员数逐年的变动较为平缓,呈现出倒"U"形的发展趋势,即呈现出"两头小,中间大"的发展趋势。浙江省与上海市、江苏省、广东省等省市的渔业从业人员数的变化趋势存在一定的差异。具体情况见表1.7。

表1.7 各省区市渔业从业人员对比情况

单位:万人

年份	天津	河北	辽宁	上海	江苏	浙江	福建	山东	广东	广西	海南
2004	3.80	16.40	49.30	4.30	126.20	79.45	87.10	102.80	140.10	63.60	23.70
2005	3.90	14.40	50.40	3.70	123.30	74.92	87.70	105.90	135.50	63.00	22.90
2006	3.70	15.70	52.20	3.60	126.90	76.89	86.50	101.90	123.20	63.20	23.70
2007	3.60	16.50	51.80	3.50	125.90	75.45	86.20	99.10	140.30	63.60	24.80
2008	4.20	21.80	71.30	3.10	129.10	80.89	86.10	117.60	187.60	69.00	31.30
2009	4.30	22.40	58.30	3.40	120.60	80.45	91.50	119.70	135.00	71.70	26.60

年份	天津	河北	辽宁	上海	江苏	浙江	福建	山东	广东	广西	海南
2010	4.40	23.20	56.60	3.60	119.50	80.52	92.50	135.70	133.90	72.60	24.20
2011	4.20	22.80	74.20	3.10	138.20	80.70	92.90	139.50	135.90	81.60	24.30
2012	4.00	23.00	58.80	2.80	120.10	81.25	94.90	147.60	133.80	81.50	24.40
2013	3.80	24.40	59.20	2.70	115.40	79.28	96.40	148.40	131.90	81.50	24.40
2014	3.80	23.90	56.50	2.60	113.20	77.95	96.00	148.90	129.70	82.20	24.50
2015	3.80	22.20	54.40	2.50	112.00	75.59	95.20	148.70	127.50	82.00	24.90
2016	3.70	22.30	54.30	21.20	110.60	69.04	94.10	147.90	125.90	81.60	23.70
2017	3.30	21.80	53.00	19.30	108.70	71.44	93.60	145.00	124.20	81.50	24.60
2018	2.90	20.50	52.70	17.80	105.00	68.74	92.20	141.30	125.00	80.90	24.90
2019	2.40	18.30	52.70	13.90	101.80	67.66	91.00	131.50	123.90	81.00	24.40
2020	2.00	17.90	52.40	12.30	95.10	65.44	88.90	125.40	121.40	80.90	21.20
2021	1.50	17.70	45.10	8.90	90.50	62.97	88.60	119.50	115.50	80.20	19.40

数据来源:《中国渔业统计年鉴》相关年份统计数据。

(二)水产养殖面积

从全国各省区市的水产养殖面积来看,浙江省2021年水产养殖面积为24.94万公顷,比2011年减少了5.46万公顷,比2004年减少了7.40万公顷,年均养殖面积达到了28.66万公顷,与年均养殖面积排名前三的辽宁省、山东省、江苏省相比,分别少了56.38万公顷、46.68万公顷、43.17万公顷。从浙江省水产养殖面积2004年到2021年的数据来看,除了2007年之外,其余各年的水产养殖面积的波动并不大。整体来看,与2011年相比,2021年各省区市水产养殖面积处于减少状态。具体情况详见表1.8。

表1.8　各省区市水产养殖面积对比

单位:万公顷

年份	天津	河北	辽宁	上海	江苏	浙江	福建	山东	广东	广西	海南
2004	4.00	15.80	56.00	4.30	80.00	32.34	24.80	66.70	59.90	25.90	6.40
2005	4.20	16.50	61.60	4.10	81.40	31.76	25.30	68.90	60.50	26.40	6.40
2006	4.30	18.90	68.10	3.40	82.10	32.10	25.30	70.10	62.10	27.90	7.00

年份	天津	河北	辽宁	上海	江苏	浙江	福建	山东	广东	广西	海南
2007	3.70	12.00	40.80	3.00	69.20	19.02	19.40	59.00	48.90	20.30	2.70
2008	4.10	18.20	56.60	2.90	70.30	30.82	30.80	65.20	54.40	20.90	4.20
2009	4.20	19.30	83.30	2.60	72.50	31.40	31.40	68.60	56.20	21.80	5.30
2010	4.20	19.90	96.10	2.50	75.00	31.29	31.30	75.80	56.30	22.20	5.40
2011	4.00	21.00	95.30	2.40	76.90	30.40	30.40	78.30	57.40	22.60	5.50
2012	4.10	21.20	101.60	2.20	77.10	30.30	30.30	80.30	57.50	22.90	5.60
2013	4.00	19.70	114.90	2.10	76.50	30.24	30.20	82.70	57.00	23.20	6.80
2014	4.10	20.10	114.54	2.00	76.10	29.81	26.20	83.50	56.50	23.60	5.40
2015	4.00	19.40	115.22	1.90	75.30	29.89	26.80	84.60	56.60	23.90	5.50
2016	3.80	19.00	99.99	1.90	75.30	28.10	27.70	83.80	55.50	23.90	5.50
2017	3.30	15.40	87.87	1.60	63.20	27.40	24.20	83.40	47.40	18.20	6.10
2018	3.10	15.20	87.02	1.30	63.20	26.07	24.80	78.20	47.90	18.30	5.20
2019	2.40	14.30	83.96	1.20	60.30	25.51	25.00	75.90	47.80	18.30	5.20
2020	2.40	14.10	83.94	1.10	60.00	24.48	25.00	74.50	47.40	18.60	4.50
2021	2.30	14.00	83.90	0.90	58.50	24.94	25.10	76.50	47.70	19.50	4.50

数据来源:《中国渔业统计年鉴》相关年份统计数据。

(三)机动渔船年末数

从机动渔船年末数上来看,2004—2021年间,浙江省年末平均拥有机动渔船数为4.29万艘,应该处在全国沿海省区市的中游水平,不及江苏省的一半,与山东省、广东省、福建省等省相比也存在着不同程度的差距①。2010年后,浙江省机动渔船年末数呈现出逐年下降的趋势,2021年末仅为2.71万艘,低于历年末平均水平。具体情况见表1.9。

表1.9 各省区市机动渔船年末数对比

单位:万艘

年份	天津	河北	辽宁	上海	江苏	浙江	福建	山东	广东	广西	海南
2004	0.09	0.82	3.71	0.23	9.50	4.97	5.73	5.48	7.35	2.11	1.58

①广东省、山东省、福建省年末机动渔船平均拥有量分别为6.37万艘、6.60万艘、5.91万艘。

续表

年份	天津	河北	辽宁	上海	江苏	浙江	福建	山东	广东	广西	海南
2005	0.08	0.77	3.59	0.12	9.51	4.83	5.74	5.65	7.11	2.11	1.94
2006	0.08	0.94	3.59	0.15	9.51	4.83	6.20	6.82	7.02	2.11	1.55
2007	0.07	1.11	4.29	0.14	9.50	5.03	6.30	6.84	6.97	2.54	1.55
2008	0.19	1.39	4.29	0.14	10.33	5.02	6.57	6.88	6.98	2.85	2.56
2009	0.27	1.38	4.43	0.19	13.11	5.18	6.49	7.04	7.03	2.89	2.56
2010	0.25	1.31	4.51	0.18	13.16	5.05	6.41	7.53	6.89	2.77	2.58
2011	0.28	1.27	4.45	0.16	12.90	5.03	6.30	7.10	6.74	2.67	2.65
2012	0.40	1.32	4.41	0.15	13.11	4.96	6.30	6.53	6.66	2.69	2.70
2013	0.43	1.37	4.09	0.14	13.06	4.67	6.22	7.19	6.59	2.66	2.75
2014	0.42	1.30	4.09	0.13	12.50	4.40	6.12	7.14	6.40	2.65	2.62
2015	0.42	1.30	4.01	0.12	12.17	4.11	6.01	7.14	6.13	2.69	2.64
2016	0.34	1.15	3.70	0.09	12.06	3.97	5.81	6.98	6.28	2.54	2.60
2017	0.31	0.82	3.41	0.09	11.15	3.40	5.48	6.59	5.82	2.50	2.50
2018	0.25	0.78	3.22	0.09	10.25	3.18	5.09	6.45	5.54	2.46	2.49
2019	0.21	0.75	3.11	0.56	5.53	2.96	4.84	6.15	5.41	2.41	2.46
2020	0.16	0.73	2.96	0.58	3.53	2.86	5.28	5.90	4.94	2.28	2.20
2021	0.14	0.72	2.73	0.54	3.07	2.71	5.73	5.48	7.35	2.11	1.58

数据来源:《中国渔业统计年鉴》相关年份统计数据。

（四）水产技术推广机构经费

从水产技术推广机构经费来看,2004—2021年间,浙江省年均水产品技术推广机构经费为1.30亿元,浙江省从2010年开始就迈入了"1亿元"大关,2019年超过2亿元。这说明浙江省对水产品技术推广更为重视,投入的经费也更多。与2004年相比,各省区市投入的水产品技术推广机构经费除去个别年份外,总体上还是有所提高的,其中山东省的增量最多,达到2.56亿元,海南省的增量最少,仅为0.11亿元。具体情况见表1.10。

表1.10 各省区市水产技术推广机构经费

单位：亿元

年份	天津	河北	辽宁	上海	江苏	浙江	福建	山东	广东	广西	海南
2004	0.04	0.12	0.10	0.20	0.88	0.47	0.23	0.55	0.49	0.19	0.03
2005	0.05	0.14	0.13	0.22	0.71	0.49	0.30	0.48	0.47	0.21	0.07
2006	0.05	0.13	0.15	0.21	0.84	0.64	0.28	0.50	0.44	0.31	0.02
2007	0.09	0.17	0.15	0.28	0.90	0.65	0.31	0.65	0.44	0.26	0.03
2008	0.07	0.18	0.20	0.27	0.80	0.66	0.37	0.77	0.48	0.25	0.04
2009	0.08	0.23	0.25	0.34	0.99	0.80	0.51	0.86	0.53	0.36	0.06
2010	0.11	0.31	0.28	0.32	0.59	1.04	0.49	0.83	0.80	0.29	0.07
2011	0.11	0.31	0.15	0.56	1.12	1.12	0.59	0.92	0.86	0.28	0.08
2012	0.20	0.39	0.40	0.90	2.05	1.24	0.61	1.33	1.10	0.34	0.09
2013	0.18	0.36	0.45	0.68	1.70	1.25	0.85	1.35	1.00	0.69	0.12
2014	0.31	0.44	0.44	0.85	1.93	1.18	0.74	1.45	0.95	0.84	0.13
2015	0.32	0.52	0.55	1.19	2.00	1.34	0.95	1.45	1.09	0.87	0.13
2016	0.44	0.59	0.74	1.17	2.70	1.92	1.02	2.06	1.27	1.35	0.04
2017	0.51	0.69	0.70	1.31	2.99	1.88	1.08	2.21	3.16	1.34	0.15
2018	0.54	0.75	0.60	1.42	3.21	1.81	1.26	2.31	3.37	1.48	0.12
2019	0.47	0.75	0.65	1.70	3.41	2.15	1.25	2.44	3.64	2.39	0.16
2020	0.06	0.76	0.83	1.66	3.54	2.05	1.35	2.39	3.34	2.02	0.17
2021	0.55	0.79	0.16	1.82	3.86	2.68	1.28	3.11	2.89	2.25	0.14

数据来源：《中国渔业统计年鉴》相关年份统计数据。

（五）水产苗种

从各省区市的水产苗种来看，2004—2021年，浙江省年均水产苗种数量为138.57亿尾，远远落后于广东省[①]，并且与江苏省和广西壮族自治区相比，分别相差635.72亿尾、226.40亿尾。从表1.11可以看出，与2004年相比，浙江省2021年水产苗种数量的增幅达到246.61%，且水产苗种数量首次超过200亿尾。

[①]广东省为水产苗种大省，年均水产鱼苗数量为6631.93亿尾。

表1.11　各省区市水产苗种数量

单位：亿尾

年份	天津	河北	辽宁	上海	江苏	浙江	福建	山东	广东	广西	海南
2004	18.04	27.38	282.65	28.00	336.05	64.41	48.40	59.05	4624.00	174.00	30.19
2005	25.09	28.53	68.54	28.00	336.18	71.32	44.25	68.85	4720.00	177.00	29.78
2006	20.10	23.91	233.45	28.00	335.18	94.31	46.89	87.16	5202.00	199.00	26.32
2007	19.10	26.91	227.49	24.00	363.19	96.33	40.87	80.98	5143.00	207.00	32.90
2008	24.59	19.91	78.26	22.00	390.36	106.25	43.06	47.21	3967.00	198.93	42.49
2009	29.84	31.15	79.25	22.00	406.61	109.69	51.83	64.83	6706.00	222.51	61.07
2010	23.93	26.85	96.23	21.61	418.61	134.19	55.09	72.20	393.69	241.96	65.04
2011	26.33	35.81	143.18	17.38	423.63	123.93	55.47	62.34	7860.78	272.97	77.14
2012	47.43	30.37	102.26	18.17	459.89	129.47	59.10	64.82	7658.25	291.08	78.17
2013	42.68	27.03	100.26	18.08	471.14	146.67	55.64	66.37	7591.00	314.49	72.12
2014	36.90	30.18	92.28	16.30	484.21	139.89	29.24	59.22	8633.00	343.25	84.30
2015	43.78	38.28	93.00	16.12	538.75	162.65	30.38	73.56	9269.75	374.36	77.95
2016	49.95	40.81	87.00	15.14	569.44	162.15	31.80	99.72	8353.50	402.94	79.18
2017	54.00	49.30	121.00	14.14	643.19	170.93	33.56	114.88	8484.87	443.63	72.07
2018	43.73	43.79	82.00	13.75	546.74	184.94	30.89	104.24	8279.25	506.21	55.21
2019	47.20	34.48	74.00	10.07	472.90	185.82	34.39	55.59	7333.60	543.00	62.30
2020	63.50	37.21	74.00	4.75	475.84	188.03	32.12	56.92	8091.35	743.10	63.86
2021	76.62	39.31	82.00	5.13	476.49	223.25	34.15	70.50	7966.59	913.94	60.38

数据来源：《中国渔业统计年鉴》相关年份统计数据。

第三节 ┃ 浙江省渔业产业结构的变动

　　渔业三次产业之间的比重反映了渔业产业的重要性差异，本节使用渔业经济总产值进行测算。渔业三次产业结构的动态变化，反映了一个地区渔业经济发展的特点和趋势。本节利用2004—2021年浙江省渔业各产业的数据，动态分析浙江省渔业产业结构的变动趋势与特点。

一、渔业三次产业结构

根据《中国渔业统计年鉴》，我国的渔业可以划分为3个产业，第一产业指传统渔业，第二产业指渔业工业和建筑业，第三产业指渔业流通和服务业。本节利用渔业经济总产值数据进行测算和分析。根据《中国渔业统计年鉴》，2021年浙江省渔业三次产业结构比例为51.97∶22.44∶25.59。具体趋势可见图1.3。

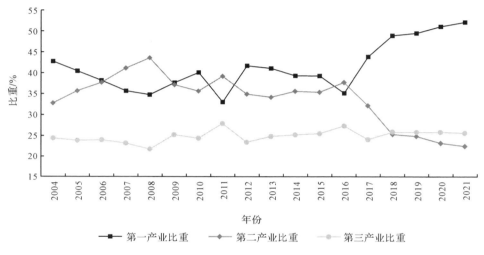

图1.3　2004—2021年浙江省渔业三次产业占比

回顾2004年到2021年浙江省渔业发展情况，可以将其划分为3个阶段。第一阶段是2004—2008年，这段时期的显著特点是渔业第二产业的比重逐年上升，从2004年的32.80%增长至2008年的43.49%。与之相反，第一产业的比重则逐年下降，2008年的占比不足35.00%。第二阶段为2009—2016年，这一时期浙江省渔业发展的主要特点是，除了个别年份，渔业三次产业的比重没有呈现明显的变动趋势，渔业第一产业的比重稳定在35%—42%之间，渔业第二产业的比重则稳定在34%—40%之间，渔业第三产业的比重则稳定在23%—28%范围内。第三阶段为2017—2021年，渔业一、二产业在这一时期的发展趋势与第一阶段相反，第一产业的占比大幅度提高，第二产业的占比逐年下降，第三产业的占比保持在25%左右。

二、浙江省渔业产业结构与其他地区的比较

上文从纵向分析了浙江省渔业产业结构的变动趋势和特征,为了进一步对比浙江省与其他沿海地区在渔业产业结构上的差异,本小结利用全国、山东等的相关数据进行对比分析。

(一)与全国的对比

我们将全国与浙江省的渔业产业结构数据进行整理,结果如表1.12所示。根据表1.12的动态数据,2017年前浙江省渔业三次产业结构与全国渔业产业结构存在较大差异。2017年起,浙江省调整渔业第一产业与第二产业占比,2021年的渔业产业结构已经与全国的结构接近,渔业第一产业与第二产业的比重略高于全国水平,渔业第三产业的比重略低于全国水平。

表1.12 浙江省与全国渔业三次产业占比(2004—2021年)[①]

单位:%

年份	浙江			全国		
	渔业第一产业比重	渔业第二产业比重	渔业第三产业比重	渔业第一产业比重	渔业第二产业比重	渔业第三产业比重
2004	42.75	32.80	24.45	56.64	21.79	21.57
2005	40.46	35.66	23.88	54.87	22.52	22.61
2006	38.19	37.77	24.04	53.26	23.78	22.96
2007	35.68	41.08	23.24	51.96	24.48	23.56
2008	34.72	43.49	21.80	53.10	24.64	22.27
2009	37.66	37.10	25.25	51.88	23.41	24.71
2010	40.07	35.56	24.37	52.22	23.89	23.89
2011	33.00	39.13	27.87	45.47	27.01	27.53
2012	41.63	34.87	23.49	52.24	23.83	23.93
2013	41.01	34.12	24.87	52.22	23.36	24.42
2014	39.28	35.48	25.24	52.07	23.37	24.56
2015	39.20	35.33	25.48	51.45	23.14	25.41
2016	35.10	37.58	27.31	50.73	22.87	26.41
2017	43.76	32.14	24.10	49.73	22.89	27.38

①表中三次产业占比为约数,相加后约等于100%,下同。

续表

年份	浙江			全国		
	渔业第一产业比重	渔业第二产业比重	渔业第三产业比重	渔业第一产业比重	渔业第二产业比重	渔业第三产业比重
2018	48.78	25.27	25.95	49.55	21.94	28.51
2019	49.35	24.83	25.82	48.98	22.34	28.68
2020	50.97	23.19	25.84	49.08	21.55	29.38
2021	51.97	22.44	25.59	51.06	20.73	28.21

数据来源:《中国渔业统计年鉴》相关年份统计数据。

（二）与其他沿海省区市的对比分析

从沿海省区市之间的比较来看,浙江省渔业三次产业的结构与其他沿海省区市之间存在较大差异。由前可知,浙江省渔业产业的发展经历了3个阶段,第一阶段与第三阶段的渔业三次产业的变动较为明显,第二阶段没有明显变动,这一情况与天津市、河北省、上海市、海南省等相比存在较大差异。天津市、河北省、上海市、海南省的渔业发展趋势比较接近,渔业第一产业的比重较高,江苏省、广东省的发展趋势比较接近,第一产业比重逐年下降,第三产业占比上升。

从表1.13可以看出,浙江省渔业三次产业的占比与山东省比较接近。

表1.13　浙江省与山东省渔业三次产业比重的差异对比

单位:%

年份	浙江			山东		
	渔业第一产业比重	渔业第二产业比重	渔业第三产业比重	渔业第一产业比重	渔业第二产业比重	渔业第三产业比重
2004	42.75	32.80	24.45	38.17	38.93	22.90
2005	40.46	35.66	23.88	37.12	40.16	22.72
2006	38.19	37.77	24.04	37.45	40.80	21.75
2007	35.68	41.08	23.24	36.75	39.50	23.75
2008	34.72	43.49	21.80	38.76	36.06	25.18
2009	37.66	37.10	25.25	37.45	35.06	27.49
2010	40.07	35.56	24.37	37.97	35.69	26.34

年份	浙江			山东		
	渔业第一 产业比重	渔业第二 产业比重	渔业第三 产业比重	渔业第一 产业比重	渔业第二 产业比重	渔业第三 产业比重
2011	33.00	39.13	27.87	33.02	38.08	28.90
2012	41.63	34.87	23.49	42.71	33.27	24.03
2013	41.01	34.12	24.87	43.52	32.86	23.62
2014	39.28	35.48	25.24	43.24	33.45	23.31
2015	39.20	35.33	25.48	42.12	34.10	23.78
2016	35.10	37.58	27.31	40.88	33.76	25.36
2017	43.76	32.14	24.10	39.41	34.34	26.25
2018	48.78	25.27	25.95	37.70	33.99	28.31
2019	49.35	24.83	25.82	35.75	34.17	30.08
2020	50.97	23.19	25.84	37.75	33.92	28.34
2021	51.97	22.44	25.59	42.77	33.03	24.19

数据来源:《中国渔业统计年鉴》相关年份统计数据。

第四节 ┃ 本章小结

本章对浙江省渔业经济规模、产量规模、生产要素与产业结构等进行纵向时序分析与横向对比分析,其中重点分析了2004年到2021年浙江省渔业经济发展的现状、特点与变动趋势。

第一,从产出规模来看,浙江省渔业经济规模不断壮大,渔业经济总产值从2004年的872.61亿元增加到2021年的2330.74亿元,增幅达到167.10%;同时浙江省水产品总产量呈现波动上升的趋势,并且渔业水产品主要以海水产品为主,淡水产品次之,海水产品又以海洋捕捞品为主。从浙江省与全国其他省区市的对比来看,浙江省渔业水产品产量在全国处于中游水平。

第二,从要素投入来看,浙江省2021年渔业从业人员数为62.97万人,与2004年相比略有下降,2021年共实现水产养殖面积24.94万公顷,比2004年减少了 22.88%，机动渔船年末数则呈现先增后减的趋势，2009 年实现机动渔船年末数 5.18 万艘，为 2004—2021 年间的最高水平。与上述 3 个生产要素形成对比的是，水产技术推广机构经费和水产苗种数则逐年上升（除个别年份外）。浙江省水产技术推广机构经费于 2021 年达到 2.68 亿元，与 2004 年相比增幅达到 470.21%。浙江省水产苗种数于 2021 年共实现 223.25 亿尾，年均增长率达到 7.86%。

第三，从渔业发展阶段来看，2004—2021 年，浙江省渔业发展经历 3 个阶段，在第一阶段与第三阶段，渔业三次产业的变动较为明显，第二阶段没有明显变动（除个别年份外）。浙江省与山东省的渔业三次产业的占比比较接近。截至 2021 年，浙江省渔业产业结构已经与全国水平接近，其中第三产业的比重较高，第二产业的比重最低。

第二章
浙江省渔业生产要素的
贡献分析

浙江省作为我国沿海重要的渔业省份之一,其渔业生产对于地方经济发展和渔民生计具有重要意义。因此,对于浙江省渔业生产要素的贡献进行深入分析,可以帮助我们更好地了解渔业发展的现状和趋势,并为制定相关政策提供科学依据。本章将基于面板模型进行分析,探讨浙江省渔业生产要素的贡献情况,以期为渔业发展提供有益的参考和指导。

第一节 | 理论分析和模型构建

生产要素的贡献分析理论是一种经济学理论,用于解释不同生产要素对产出的贡献程度。根据这个理论,生产要素的贡献可以通过它们对总产出的影响来衡量。边际贡献是指增加一个单位的生产要素所带来的额外产出。生产要素的贡献分析理论可以用来确定生产要素的相对重要性,以及指导如何最有效地分配这些要素。通过分析不同生产要素的边际贡献,企业可以决定如何使产出最大化,并优化资源配置。

一、渔业生产要素贡献分析的相关研究

渔业生产要素贡献分析的相关研究主要关注渔业生产中的劳动力、资本和自然资源等要素对渔业产出的影响。通过对这些要素的贡献程度进行分析,可以帮助我们了解不同要素在渔业生产中的作用,从而为渔业经济的发展和管理提供科学依据。因此,本部分将基于以下3个层面对相关理论进行总结和分析。

（一）生产要素贡献分析的理论研究

生产要素贡献分析的理论研究有着深厚的历史背景,是经济学中的一个重要部分,用于解释不同的生产要素对产出的影响。本部分将对生产要素贡献分析理论中的相关文献进行综述,以便更好地理解该理论的发展和应用。

生产要素贡献分析理论最早可以追溯到19世纪末,由经济学家约翰·贝茨·克拉克提出。他提出劳动、土地和资本是生产要素的三大类别,并认为这

些要素对产出的贡献是可以度量的(John,1899)。这一理论为后来的研究奠定了基础。

随着时间的推移,生产要素贡献分析理论得到了不断的完善和扩展,一些学者提出了更加细致的生产要素分类,如技术、创新和管理等(David,1975;Schumpeter,1942)。他们认为,这些要素对产出的贡献同样重要,并且可以通过适当的度量方法进行评估。

此外,一些研究还探讨了生产要素贡献分析理论在不同行业和国家的应用。例如,一些研究关注农业领域的生产要素贡献,以评估不同农业要素对农产品产量的影响(晁伟鹏和孙剑,2013;尹方平、何理和赵文仪,2021)。其他研究则关注不同国家之间的生产要素贡献差异,以了解不同国家的经济发展模式。

近年来,随着数据分析和计量经济学方法的发展,生产要素的贡献程度得到了更加精确和准确的度量。研究者利用大量的实证数据和经济模型,对生产要素的贡献进行了深入研究。他们提出了一系列新的度量方法和模型,以更好地解释生产要素对产出的影响。

(二)生产要素贡献分析的实证研究

生产要素贡献分析的实证研究基本可以分为2个方面,一是基于空间效应展开,二是在生产函数的基础上进行各种变换得到模型,并在此基础上进行深入的探索。

在研究基于空间效应的问题时,研究者们采用了多种方法和模型来探究生产要素的贡献和空间依赖性。举例来说,Hu和McAleer(2005)利用中国30个省份的面板数据,对农业部门的生产效率进行了测算。Lio和Liu(2008)则运用平衡面板数据,估计了127个国家农业生产要素的产出弹性。吴玉鸣(2010)运用空间计量方法,基于扩展的新古典增长模型,研究了农业生产要素的贡献和规模报酬情况,并发现中国省域农业产出呈现显著的空间依赖性和局域集聚特征。吴玉鸣(2014)在研究我国省域旅游经济增长的空间依赖性的基础上,估算了劳动和资本对旅游经济增长的贡献,并分析了旅游经济增长过程中的空间溢出效应。张春玲(2014)则采用空间滞后模型和空间误差模型,研究了安徽省16个地级市农业生产要素投入产出的空间异质性和相关性。

此外,还有学者对生产函数进行了适当的变换,并研究了生产要素的贡献问题。例如,张宇青(2014)指出,农业机械总动力、有效灌溉面积、农作物播种面积、农业用电量等生产要素的贡献存在显著的"门槛效应"。张友祥(2012)分析了中国地级市间土地投入的产出弹性的差异及差异产生的原因,并深入研究了土地投入要素对经济增长的贡献情况。杨福霞和杨冕(2011)在向量误差修正模型的基础上,研究了能源要素与非能源要素之间的替代弹性,并分析了各投入要素的技术进步差异及差异产生的原因。林江和李普亮(2009)则通过引入虚拟变量,运用传统单方程OLS法,研究了我国农业生产要素的贡献情况。这些研究通过不同的方法和模型,对生产要素的贡献和空间效应进行了深入的探讨,为我们理解经济增长和农业发展提供了有价值的见解。

(三)渔业生产要素和渔业经济贡献分析的相关研究

如前所述,渔业生产要素贡献分析的相关研究主要关注劳动力、资本和自然资源等要素对渔业产出的影响。郑莉和张杰(2014)通过对生产函数的变形,使用11个沿海省区市的面板数据,对海洋渔业进行了基于面板数据模型的实证研究。他们选取了相应的变量来研究海洋渔业生产要素投入对海洋渔业产值的贡献,并提出了促进海洋经济发展的相关建议。

此外,还有学者从渔业产业结构的角度分析了产业结构变动对渔业经济增长的影响和贡献度。例如,平瑛和赵玲蓉(2018)运用回归分析和成分数据预测模型,对我国渔业产业结构的变动进行了实证分析。她们系统分析了渔业产业结构变动对渔业经济增长的贡献度,并预测了我国渔业发展的方向。

这些研究通过不同的方法和模型,对渔业生产要素的贡献和对渔业经济增长的影响进行了深入研究,为我们理解渔业发展和制定相关政策提供了有价值的参考。

二、数据来源与模型构建

通过前文的文献梳理及分析,可以发现,研究者们对于渔业生产要素的研究主要集中于讨论劳动力、技术和资本如何为渔业经济增长提供动力,并分析了其对渔业经济增长的贡献。而面板数据由于可以克服多重共线性问题,能够提供更多的信息、更多的变化、更高的自由度和更准确的估计效率等,应用较为广泛。因此本章将基于我国11个东部沿海省区市渔业生产要素的面板数据,对浙江省渔业生产要素的贡献情况进行深入的量化分析,并运用协整理论和计量经济预测分析软件Eviews10.0进行回归分析。

(一)数据来源

在对渔业生产要素的贡献情况进行分析时,可以考虑把渔业水产品产量作为产出要素,把渔业从业人员、水产养殖面积、机动渔船年末数、水产技术推广机构经费和水产苗种等作为投入要素。通过对浙江省、全国及其他沿海省区市的面板数据进行研究,可以对渔业生产要素的贡献情况进行评估。也就是说,使用我国11个东部沿海省区市2004年至2021年的面板数据,将渔业水产品产量、渔业从业人员、水产养殖面积、机动渔船年末数、水产技术推广机构经费和水产苗种等数据纳入模型中进行估计。这些数据从《中国渔业统计年鉴》中获取。

(二)模型设定

关于生产要素投入对经济增长的影响,大部分学者采用柯布—道格拉斯(C-D)生产函数进行分析。传统C-D生产函数显示,影响产出的主要是资本、劳动力和技术3个因素,其函数形式如下:

$$Y = AL^{\alpha}K^{\beta} \tag{2.1}$$

其中,Y表示产业总产值,A表示综合技术水平,L是投入的劳动力,K是投入的资本,α是劳动力产出弹性系数,β表示资本产出弹性系数。

为了衡量渔业生产要素的贡献,可对C-D生产函数进行拓展,建立符合渔业经济的生产函数,其形成如下:

$$Y_i = X_{1i}^{\alpha_1} X_{2i}^{\alpha_2} X_{3i}^{\alpha_3} X_{4i}^{\alpha_4} X_{5i}^{\alpha_5} \tag{2.2}$$

对式(2.2)两边取对数,得:

$$\ln Y_i = \alpha_1 \ln X_{1i} + \alpha_2 \ln X_{2i} + \alpha_3 \ln X_{3i} + \alpha_4 \ln X_{4i} + \alpha_5 \ln X_{5i} + \varepsilon \tag{2.3}$$

其中,渔业水产品总产量(Y_i)作为被解释变量,解释变量如下:机动渔船年末数(X_{1i})、渔业从业人员(X_{2i})、水产养殖面积(X_{3i})、水产苗种(X_{4i})、水产技术推广机构经费(X_{5i}),ε表示误差。利用公式(2.3)便可对相关参数进行回归估计。

李子奈(2000)指出,尽管一些非平稳的时间序列可能表现出相似的变化趋势,但这并不意味着这些序列之间存在直接的相关性。在这种情况下,进行回归分析可能会得到较好的拟合结果,但这种结果是没有实际意义的,因为所得到的关系并非真实存在。这种情况被称为伪回归。为了避免出现伪回归情况,确保估计结果的有效性,我们需要在进行估计之前先进行面板数据的平稳性检验,然后进行协整检验和回归分析。

平稳性检验是为了确定时间序列数据是否具有平稳性,即是否存在随机游走性或随机趋势性。常用的平稳性检验方法包括单位根检验(如 ADF 检验、PP 检验)和 KPSS 检验等。如果时间序列数据是非平稳的,我们需要对其进行差分或其他转换,使其变为平稳的。协整检验是为了确定多个非平稳时间序列之间是否存在长期稳定的关系。常用的协整检验方法包括 Engle-Granger 两步法和 Johansen 检验等。如果存在协整关系,说明这些非平稳时间序列之间存在长期稳定的均衡关系,可以进行回归分析。因此,在进行面板数据分析时,为了确保估计结果的有效性,需要先进行平稳性检验和协整检验,然后进行回归分析。这样可以避免伪回归问题,确保所得到的关系是真实存在的,并能提供可靠的研究结论。

(三)模型形式检验

根据对个体影响的处理形式的不同,可以将面板模型分为固定效应模型和随机效应模型,因此在做模型检验之前还需确定该回归模型的影响形式,即是固定效应模型还是随机效应模型。一般的做法是先建立随机效应模型,然后通过 Hauseman 检验来判断该模型是否符合随机效应,如果符合,则认为该模型是随机效应模型,反之则认为该模型是固定效应模型。

在确定影响形式之后,再来确定回归模型的形式。由于面板数据包含了个体、指标、时间 3 个方向上的信息,如果模型形式设定有误,会导致估计结果与实际情况发生大幅度偏差,建模的下一步就是要检验样本数据究竟符合面板模型中的哪一种,从而避免因模型选择不当而导致的错误。常用的检验方法是协方差分析检验,其检验的假设为:

$$
\begin{cases}
H_1: \beta_1 = \beta_2 = \cdots = \beta_N \\
H_2: \alpha_1 = \alpha_2 = \cdots = \alpha_N \\
\quad\ \ \beta_1 = \beta_2 = \cdots = \beta_N
\end{cases}
\tag{2.4}
$$

所对应的统计量分别为：

$$F_1 = \frac{(S_2 - S_1)/[(N-1)K]}{S_1/[NT - N(K+1)]} \sim F[(N-1)K, N(T-K-1)] \quad (2.5)$$

$$F_2 = \frac{(S_3 - S_1)/[(N-1)(K+1)]}{S_1/[NT - N(K+1)]} \sim F[(N-1)(K+1), N(T-K-1)]$$

$$(2.6)$$

其中，S_1、S_2、S_3 分别为基于混合模型、固定效应模型和随机效应模型这3种模型的残差平方和，K 为解释变量的个数，N 为截面个体数量，T 为观测年份数，α 为常数项，β 为系数向量。如果估计得到的统计量 F_2 的值小于给定显著性水平下对应的临界值，则接受假设 H_2，采用混合模型拟合方程。如果计算得到的 F_1 值小于给定显著性水平下的相应临界值，则接受假设 H_1，用变截距模型来拟合方程，否则用变系数模型进行拟合。

第二节 | 实证分析

基于上文的理论推导，拓展后的 C-D 生产函数实质上是一个多元线性方程。收集相关数据后，利用 Eviews10.0 软件，可对模型进行单位根检验、协整检验、回归估计。

一、单位根检验

平稳性检验是时间序列建模的一个重要步骤，对于非平稳时间序列，如果不是同阶平稳单整的或不存在协整关系，统计回归的结果就可能表明其是伪回归的，因此，为了避免伪回归问题，目前，最常用且被广泛接受的方法是单位根检验，具体包括了以下5种主流方法：LLC 检验（同根单位根检验）、IPS 检验、Breintung 检验、ADF-Fisher 检验（不同根单位根检验）和 PP-Fisher 检验。为方便起见，本章只采用其中2种，即 LLC 检验和 ADF-Fisher 检验。各变量的描述性统计情况见表2.1。

表2.1　各变量的描述性统计

变量	$\ln(Y_i)$	$\ln(X_{1i})$	$\ln(X_{2i})$	$\ln(X_{3i})$	$\ln(X_{4i})$	$\ln(X_{5i})$
平均值	5.5203	0.8158	3.7023	2.8746	4.7541	−0.6498
中位数	6.0211	1.1973	4.2675	3.1090	4.3509	−0.5192
最大值	6.8566	2.5772	5.2343	4.4379	9.0662	1.3506
最小值	3.1263	−2.6036	0.4054	−0.1053	1.5581	−3.9120
标准差	1.1540	1.3466	1.2492	1.1693	1.5977	1.1357

由单位根检验结果（见表2.2）可知，除$\ln(X_{1i})$外，其余变量的LLC及ADF这2个统计量所对应的P值均小于0.05，而$\ln(X_{1i})$基于LLC检验的P值为0.0000，基于ADF检验的P值为0.0594，接近于0.05，可以认为该变量也是平稳的，则此处可以认为所有的变量都是同阶平稳的，因此可以对原始变量进行协整检验及拟合回归。

表2.2　单位根检验结果

变量	LLC	ADF	结果
Y_i	0.8972	0.9845	不平稳
X_{1i}	0.0016***	0.2477	不平稳
X_{2i}	0.0049***	0.0332***	平稳
X_{3i}	0.0000***	0.0023***	平稳
X_{4i}	0.4124	0.0045***	不平稳
X_{5i}	0.0001***	0.0299**	平稳
$\ln(Y_i)$	0.0000***	0.0047***	平稳
$\ln(X_{1i})$	0.0000***	0.0594	平稳
$\ln(X_{2i})$	0.0005***	0.0028***	平稳
$\ln(X_{3i})$	0.0003***	0.0085***	平稳
$\ln(X_{4i})$	0.0429**	0.0231**	平稳
$\ln(X_{5i})$	0.0003***	0.0080***	平稳

注：**表示在0.05的水平上显著，***表示在0.01的水平上显著。

二、协整检验

协整是指若干个非平稳的时间序列，在经过适当的线性变换后形成一个新的序列，并且该新序列呈现出平稳性。这意味着原始序列之间存在着长期稳定的均衡关系。同时,对这些序列进行回归分析并得到残差序列后,该残差序列也应该是平稳的。在这种情况下,可以得到比较准确的估计结果。

为了检验面板数据是否存在协整关系,通常有 2 种常用方法。一种是基于 Engle-Granger 两步法的 Pedroni 协整检验和 Kao 检验,另一种是基于 Johansen 协整检验的面板协整检验。在本部分,我们采用 Pedroni 协整检验和 Kao 检验进行协整检验。

由前面的单位根检验结果可知,变量之间都是同阶单整的,即均服从 $I(0)$ 序列,所以要在此基础上对变量进行面板协整检验,以确定是否存在长期稳定的均衡关系。面板协整检验结果表明,ADF 统计量所对应的 P 值为 0.0653,接近 0.05,而 Pedroni 协整检验的 3 个统计量所对应的 P 值均小于 0.05,故应该拒绝原假设,说明变量之间是具有协整关系的,即存在长期稳定的均衡关系。协整检验结果见表 2.3。

表 2.3　协整检验结果

检验方法	检验统计量	统计量 P 值
Kao 检测	ADF	0.0653
Pedroni 协整检验	Panel PP-Statistic	0.0002
	Panel ADF-Statistic	0.0025
	Group PP-Statistic	0.0000

三、回归估计

表 2.3 的结果表明,变量之间是存在长期稳定的均衡关系的,其方程回归残差是平稳的。因此可以在这个基础上进行拟合,并且得到的拟合结果是较精确的。

本部分利用 Eviews10.0 软件,基于前文给出的解释变量和被解释变量,分别对混合模型、固定效应模型、随机效应模型进行回归,得到的回归结果如表 2.4 所示。

由表 2.4 的回归结果可知,Hauseman 检验的统计值为 63.6172,对应的 P 值为 0.0000,所以拒绝原假设,可以认为本部分的模型为固定效应模型。此外,协方差分析检验结果表明应使用固定效应模型,且固定效应模型中除 $\ln(X_{1i})$

与 $\ln(X_{2i})$ 外,各变量包括常数项都在 1% 的显著性水平下通过检验,又因为 $\ln(X_{1i})$ 与 $\ln(X_{2i})$ 变量与实际情况相符,则采用固定效应模型更符合实际意义。

表2.4　模型回归结果

变量	含义	混合模型	固定效应模型	随机效应模型
C	常数	3.2465*** (17.325)	4.8023*** (44.0717)	4.2825*** (23.7167)
$\ln(X_{1i})$	机动渔船年末数	0.3273*** (6.5776)	−0.0056 (−0.2530)	0.0268 (1.2167)
$\ln(X_{2i})$	渔业从业人员	0.4309*** (7.3215)	−0.0061 (−0.2118)	0.0580** (2.1309)
$\ln(X_{3i})$	水产养殖面积	0.1068*** (2.5461)	0.1660*** (5.2629)	0.2166*** (7.1908)
$\ln(X_{4i})$	水产苗种	0.0248 (1.3383)	0.0710*** (3.4808)	0.0943*** (4.8387)
$\ln(X_{5i})$	水产技术推广机构经费	0.0215 (0.8853)	0.1069*** (8.4005)	0.1074*** (8.5759)
R^2	判定系数	0.9264	0.9935	0.4811
ssr	残差平方和	19.2987	1.7089	2.3533
协方差分析检验 (P值)	—	—	187.3225 (0.0000)	—
Hauseman 检验 (P值)	—	—	—	63.6172 (0.0000)

注:除 Hauseman 检验和协方差分析检验外,其余变量括号内的系数为 t 统计量,***、**、*分别表示在 1%、5% 和 10% 的显著性水平下通过检验。

由表2.4可得回归方程:

$$\ln Y = 4.8023 - 0.0056\ln(X_{1i}) - 0.0061\ln(X_{2i}) + 0.1660\ln(X_{3i})$$
$$+ 0.0710\ln(X_{4i}) + 0.1069\ln(X_{5i}) \tag{2.7}$$

根据公式(2.7)的回归结果及前文渔业要素投入分析,可得如下回归结果:

第一,水产养殖面积和水产技术推广机构经费的弹性系数分别为 0.1660 和 0.1069,在 1% 的显著性水平下通过检验。也就是说,水产养殖面积每增加 1%,渔业水产品总产量增加 0.1660%,在所有解释变量中,水产养殖面积对渔业总产出的贡献效应最好;而水产技术推广机构经费的弹性系数是所有解释变量中第二高的,同时在1%的显著性水平下通过检验,即水产品技术推广机构经费每增加1%,渔业水产品总产量增加0.1069%。同时,根据前文的渔业要素投入分析,浙江省的水产养殖面积的波动并不大,2021年为24.94万公顷,而水产品技术推广机构经费增长得极为明显,从2004年的仅0.47亿元涨至2021年的2.68亿元,这说明目前水产养殖面积对渔业水产品总产量的贡献仍是正向的,且随着技术的推广与更新,对水产养殖面积的利用率逐步提高。

第二,水产苗种对渔业水产品总产量的影响也是正向的,水产苗种的弹性系数为0.0710,即当水产苗种数每增加1%,渔业水产品总产量增加0.0710%。从2004—2021年的数据来看,浙江省水产苗种数量总体呈现出上涨的趋势,从2004年的64.41亿尾增加到2021年的223.25亿尾,这也从另一个角度说明了水产苗种对渔业水产品总产量的影响是正向的。

第三,渔业从业人员与机动渔船年末数对渔业水产品总产量的影响是负向的,表明渔业从业人员与机动渔船年末数的增加会导致渔业水产品总产量的减少。从2004—2021年间这2个变量的数据可以看出,浙江省与部分东部沿海省区市均出现了较明显的下降趋势,这可能是产业结构化调整造成的。结合前文分析,随着技术的不断进步与推广,现阶段的渔业从业人员与机动渔船均出现了冗余,对渔业水产品总产量存在着负向影响,因此浙江省的渔业从业人员与机动渔船年末数分别从2004年的79.45万人和4.97万艘减至2021年的62.97万人和2.71万艘。

第三节 ┃ 结论与启示

一、本章结论

本部分利用浙江省及我国其他10个东部沿海省区市的渔业经济面板数据进行了实证分析:先对传统C-D生产函数进行了拓展,建立了符合渔业经济的生产函数,随后对面板数据进行了检验和处理,进而基于我国东部11个沿海省区市面板数据建立了面板数据固定效应模型,对渔业生产要素进行了贡献分析。基于上述分析,我们可以得出以下结论:

第一,水产养殖面积和水产技术推广机构经费对渔业水产品总产量具有显著正向影响。水产养殖面积是对渔业总产出贡献最大的因素,增加水产养殖面积可以有效提升渔业水产品总产量。同时,水产技术推广机构经费也对产量有正向影响,即加大对水产技术的投入和推广,可以进一步促进渔业水产品的增产。

第二,水产苗种也是对渔业水产品总产量有积极影响的因素,即水产苗种的增加对渔业水产品总产量的提升起到了积极作用。通过不断增加水产苗种的供应,可以增加养殖的规模和产量,从而更好地满足市场需求。

第三,渔业从业人员与机动渔船年末数对渔业水产品总产量的影响是负向的。这是由产业结构调整和技术进步导致的。也就是说,随着产业结构的调整和技术的不断进步及推广,现阶段的渔业从业人员和机动渔船已经出现了冗余,对渔业水产品总产量产生了负向影响。因此,需要进一步优化渔业从业人员和机动渔船的配置,以提高渔业水产品的产量和效益。

综上所述,水产养殖面积、水产技术推广机构经费和水产苗种对渔业水产品总产量具有正向影响,而渔业从业人员和机动渔船年末数对产量有负向影响。因此,在制定渔业发展政策和管理措施时,应注重增加水产养殖面积和水产苗种数、加大对水产技术的投入和推广,同时合理调整渔业从业人员和机动渔船的数量,以实现渔业产量的持续增长和渔业的可持续发展。

二、政策启示

水产养殖是浙江省重要的经济产业之一,为了进一步提高产量并确保渔业的可持续发展,我们需要采取一系列措施。基于上述分析结果,我们提出以下一些建议。

(一)提高水产养殖面积的利用率,采用高效的水产养殖技术和生态养殖模式

尽管水产养殖面积在减少,但产量在增加,说明水产养殖面积的利用率在提高。为了进一步提高利用率,政府可以鼓励农民采用高效的水产养殖技术,并提供培训和技术支持,以确保最佳的养殖管理效果。例如:提供技术培训和指导,帮助养殖户了解最佳的养殖管理效果,包括水质控制、饲料管理和疾病防控等方面;鼓励养殖户采用先进的养殖技术和设备,如循环水养殖系统和智

能养殖设备,以提高养殖效率和资源利用率;提供财政支持和补贴,鼓励养殖户进行规模化养殖和现代化设施建设。此外,可以推广生态养殖模式,减少对水域的污染和损害,优化养殖环境。

(二)加大水产技术推广机构经费投入,提供技术支持和培训

水产技术推广机构经费对渔业水产品总产量有显著正向影响,因此,政府可以增加对水产技术推广机构的资金拨款,确保其有足够的经费来开展技术推广工作。这可以通过增加财政预算、设立专项资金或引入社会资本等方式来实现。政府可以建立水产技术推广基地,提供先进的养殖设施和实验场地,用于展示和推广最新的养殖技术和管理方法。这样可以为渔民提供实地学习和实践的机会,帮助他们更好地掌握和应用技术。政府可以组织水产技术培训班、研讨会和讲座,邀请专家学者和行业精英分享最新的养殖技术和经验。此外,政府还可以提供培训补贴和奖励,鼓励渔民参加培训并将所学知识应用到实际生产中;建立水产技术咨询服务体系,为渔民提供养殖技术咨询和问题解答服务,这可以通过设立技术咨询热线、建立在线咨询平台或派驻技术人员到养殖区域提供现场咨询等方式来实现;鼓励水产技术机构与科研机构、高校和企业进行合作,共同开展技术研发和创新项目。通过加大对水产技术推广机构经费的投入,提供技术支持和培训,政府可以帮助渔民掌握先进的养殖技术和管理方法,提高养殖效率和产量,促进水产养殖产业的可持续发展。

(三)促进水产苗种供应,提高水产苗种质量和适应性

水产苗种对渔业水产品总产量也有一定影响。为了提高总产量,可以加强对水产苗种的研发和培育工作,提高水产苗种的质量和适应性。政府可以建立苗种质量监测体系,定期对市场上的水产苗种进行抽检,这可以确保水产苗种的质量符合标准,并及时发现和处理质量不合格的水产苗种;可以加强对水产苗种生产企业的监管,提高水产苗种供应的可靠性和稳定性;可以建立健全苗种供应体系,确保渔民能够获得高质量的水产苗种,并提供相应的技术指导;可以组织培训班和技术交流会,向渔民和水产养殖企业推广先进的水产苗种培育知识和技能,涉及人工授精、优良品种选育、疾病防控等方面,帮助他们提高水产苗种的质量和适应性。

（四）保护渔业资源和生态环境，制定合理的捕捞政策和渔业保护措施

为了长期稳定地提高渔业水产品总产量，必须注重保护渔业资源和生态环境。政府可以制定渔业资源管理计划，包括设定渔业资源的合理捕捞量和捕捞季节，以确保资源的可持续利用。可以通过科学调查和评估来确定资源状况，并根据评估结果进行资源分配和管理。设立渔业保护区，限制或禁止在这些区域内进行捕捞活动。这些保护区可以是重要的繁殖场所、栖息地或迁徙通道，用于保护渔业资源的繁殖和生长环境。推广使用环保型渔具和渔业保护设施，如选择性捕捞工具、渔网逃逸装置等。这些工具和设施可以减少对非目标物种的捕获和损伤，降低捕捞对生态环境的影响。加强渔业行政执法和对渔业资源的监管，打击非法捕捞、违规捕捞和走私活动，这可以通过加大巡查力度、加强执法人员培训和更新装备等方式来实现。

（五）提供财政和金融支持，鼓励渔民投资现代化养殖设施和设备

政府为了促进渔业水产品总产量的提高，可以设立专项基金，提供低息贷款和财政补贴，以支持渔民购买现代化的养殖设施和设备。这可以降低渔民的融资成本，激励他们进行投资和技术升级。设立专门的金融机构，为渔民提供金融和咨询服务，帮助他们解决融资难题。同时，可以建立担保机制，为渔民提供担保，提高他们的信用度。给渔民提供在购买现代化养殖设施和设备方面的税收优惠和奖励措施，包括减免关税、免征增值税、提供设备购置补贴等。这可以降低投资成本，增加渔民的投资积极性。组织培训班和技术交流会，培训和指导渔民使用现代化养殖技术。这可以帮助他们了解和掌握先进的养殖技术，提高生产效率和产品质量。

第三章

浙江省渔业生产的

全要素生产率分析

在陆域资源被大量消耗的前提下,许多国家越发关注面积广阔且资源丰富的海洋,着力发展渔业经济。党的十九大后,我国进入全面推进乡村振兴新阶段,而发展渔业是助力乡村振兴和实现共同富裕的重要方法。浙江省海洋资源丰富、淡水养殖历史悠久,现已全面推进渔业转型升级。但是,取得的成绩是否令人满意,是一个值得思考的问题。因此,本章从全要素出发,采用窗口DEA法与窗口前沿交叉参比Malmquist指数来测算浙江省及全国其他沿海省区市的渔业全要素生产率,并对分解得到的相应指数进行分析,为相关政府部门对今后渔业资源的开发和利用提供参考依据,以助力渔业经济高质量发展,实现渔业经济可持续发展。

第一节 ┃ 全要素生产率的理论研究

就全要素生产率而言,测算方法的选择尤为重要。本节将对全要素生产率的概念及其测算方法进行系统描述,并根据全要素生产率测算方法各自的特点、浙江省渔业经济发展状况和数据可得性情况选择合适的测算方法。

一、全要素生产率的概念

全要素生产率是反映生产效率、体现经济发展质量的指标。(王璐,杨汝岱,吴比,2020)根据投入要素数量的差异,可以将生产率分为单要素生产率、部分要素生产率和全要素生产率。单要素生产率是单一投入要素与产出的比值,部分要素生产率是部分投入要素与产出的比值,全要素生产率则是所有投入要素与产出的比值。(刘瑛,2014)然而,在实际生产过程中,各种投入要素之间存在交互作用,因此采用单要素生产率来测算生产率的话显得比较狭隘。而全要素生产率虽然在概念上更为合理,但是在实际研究中难以获取全部投入要素的信息,因此在目前的研究中大多都以部分要素生产率来替代全要素生产率。本部分所指的全要素生产率也即部分要素生产率。

二、全要素生产率的测算方法

全要素生产率的测算方法主要分为参数估计方法和非参数估计方法。参数估计方法涵盖索洛余值法和随机前沿生产函数（Stochastic Frontier Approach，SFA）法，均涉及参数函数的估计；非参数估计方法主要有 DEA 法和 Malmquist 指数法，不涉及参数函数的估计，也无法解释随机噪声。（Coelli et al.，1998）

（一）索洛余值法

索洛（1957）基于新古典增长理论建立了代表技术进步的索洛余值测算框架，此后，学者 Cobb 和 Paul 在研究投入和产出的关系时，提出了 C-D 生产函数。它的基本形式如下：

$$Y_t = A_t K_t^\alpha L_t^\beta \qquad (\alpha > 0, \beta < 1) \tag{3.1}$$

其中，t 为时期，Y 为产出，K 为资本投入，L 为劳动力投入，参数 α、β 分别表示产出对资本和劳动力的弹性，A 为常数项（包含技术进步对产出的贡献率）。$\alpha + \beta$ 的值决定了规模报酬的类型：当 $\alpha + \beta = 1$ 时，产生规模报酬不变；当 $\alpha + \beta > 1$ 时，表示规模报酬递增；当 $\alpha + \beta < 1$ 时，表示规模报酬递减。（Roger，2005）

索洛在此函数的基础上，分离出劳动与资本生产要素对经济增长的贡献，而将剩余部分作为技术进步对经济增长的贡献。

对式（3.1）两边取对数，并求关于 t 的全微分，得：

$$\frac{\mathrm{d}Y_t}{Y_t} = \frac{\mathrm{d}A_t}{A_t} + \alpha \frac{\mathrm{d}K_t}{K_t} + \beta \frac{\mathrm{d}L_t}{L_t} \tag{3.2}$$

将式（3.2）变形，得到 TEP 增长速度模型：

$$\frac{\mathrm{d}A_t}{A_t} = \frac{\mathrm{d}Y_t}{Y_t} - \alpha \frac{\mathrm{d}K_t}{K_t} - \beta \frac{\mathrm{d}L_t}{L_t} \tag{3.3}$$

因为索洛余值本质上是用于度量经济增长要素中所不能解释的部分，所以把索洛余值称为全要素生产率。

（二）SFA 法

SFA 法是基于生产函数在应用中的局限而发展起来的方法，阐述的是最优的资源配置情况。Aigner et al.（1977）、Battese 和 Corra（1977）独立地提出了以下形式的 SFA：

$$Y=X\boldsymbol{\beta}+\nu-\mu \tag{3.4}$$

其中,Y表示产出,X表示投入向量,$\boldsymbol{\beta}$为一组待估计的参数向量,ν是随机误差项,μ是反映技术效率损失的随机变量。

后来的很多学者从不同方面对上述模型提出修改意见,得到如下SFA:

$$y_t=f(x_t,\gamma)\exp(\nu-\mu) \tag{3.5}$$

其中,y_t是产出,$f(x_t,\gamma)$是生产技术,x_t是投入要素,γ为参数,t为时间。误差项$\exp(\nu-\mu)$中,ν为随机误差,服从$N(0,\sigma_\nu^2)$分布,μ是技术效率不同导致的误差。$\mu=0$时,考察对象正好处于生产前沿面上;$\mu>0$时,考察对象则处于生产前沿面下方;$\mu>0$时,表示产出角度的技术无效率。

通过极大似然估计(Maximum Likelihood Estimate,MLE)法估计参数值和技术效率值,并测算出全要素生产率指数的增长率。如下所示:

$$\ln Y_t=\gamma_0+\gamma_1 t+\gamma_2\ln K_t+\gamma_3\ln L_t+\nu_t-\mu_t \tag{3.6}$$

其中,Y_t为产出,K为资本投入,L为劳动投入,ν、μ为误差项,t为时间,γ为参数。

对式(3.6)两边求全微分,整理得:

$$\frac{\mathrm{d}Y_t}{Y_t}-\gamma_2\frac{\mathrm{d}K_t}{K_t}-\gamma_3\frac{\mathrm{d}L_t}{L_t}=\gamma_1-\mathrm{d}\mu_t \tag{3.7}$$

对技术效率$TE=\exp(-\mu_t)$两边取对数后求微分,可得:

$$-\mathrm{d}\mu_t=\frac{\mathrm{d}TE_t}{TE} \tag{3.8}$$

将式(3.8)代入式(3.7),可得:

$$\frac{\mathrm{d}TEP_t}{TEP}=\gamma_1+\frac{\mathrm{d}TE_t}{TE} \tag{3.9}$$

用SFA法比用传统C-D生产函数法更接近经济增长的真实情况(盖美,刘丹丹,曲本亮,2016;纪建悦,王奇,2018;López-Bermúdez,Freire-Seoane,González-Laxe,2019),但是SFA法由于条件的限制,面对小型的样本数据时,易出现较大的误差。

（三）DEA 法

1.DEA 法

DEA法主要用于评价效率方面的问题,常用的 DEA 模型包括规模报酬不变(Constant Return to Scale, CRS)的 C^2R 模型和规模报酬可变(Variable Return to Scale, VRS)的 BC^2 模型。衡量某一决策单元 j_0 是否 DEA 有效,首先构造出由 n 个决策单元 DMU 经过线性变化而组成的假想决策单元,其次从投入的角度确定每一时期可能实现的产出最优水平,最后将每个决策单元的实际产出水平与最优产出水平进行比较,分别建立 C^2R 模型和 BC^2 模型来测算技术变动和技术效率变动情况,具体模型形式分别如式(3.10)和式(3.11)所示。

$$\begin{cases} \min \theta \\ \text{S.T} \sum_{j=1}^{n} \lambda_j X_j + S^- = \theta X_{j0} \\ \quad \sum_{j=1}^{n} \lambda_j Y_j - S^+ = Y_{j0} \\ \quad \lambda_j \geqslant 0, j = 1,2,\cdots,n \\ \quad S^+ \geqslant 0, S^- \geqslant 0 \end{cases} \quad (3.10)$$

$$\begin{cases} \min \theta \\ \text{S.T} \sum_{j=1}^{n} \lambda_j X_j + S^- = \theta X_{j0} \\ \quad \sum_{j=1}^{n} \lambda_j Y_j - S^+ = Y_{j0} \\ \quad \sum_{j=1}^{n} \lambda_j = 1 \\ \quad \lambda_j \geqslant 0, j = 1,2,\cdots,n \\ \quad S^+ \geqslant 0, S^- \geqslant 0 \end{cases} \quad (3.11)$$

其中, λ_j 为决策单元 DMU 的组合权重, $\sum_{j=1}^{n} \lambda_j X_j$ 和 $\sum_{j=1}^{n} \lambda_j Y_j$ 分别为虚构的决策单元 DMU 的投入变量和产出变量。另外, θ 表示技术效率指数,取值范围为 $[0,1]$ 。当 $\theta=1$ 时,存在技术效率;当 $0 \leqslant \theta < 1$ 时,技术效率缺失。 S^+ 和 S^- 表示投入指标的松弛变量。

使用DEA法时无须指定生产函数的形式,运用决策单元的实际观测数据就可建立最佳生产前沿面,避免了使用SFA法造成的主观性偏误(詹长根,王佳利,蔡春美,2016;杜军,鄢波,冯瑞敏,2016),但是使用 DEA 法只可以得到效率值。

2. DEA 窗口模型

正如 Charnes,Clark,Cooper et al.(1984)所述,DEA 窗口模型是对传统 DEA 模型的一种延伸,本质上是一种移动平均法,计算过程如下:

假设在 T 时期内,有 m 个决策单元,每个决策单元有 n 种投入 X[假定为 $x_i(i=1,2,3,\cdots,n),x_i>0$],有 s 种产出 Y[假定为 y_j $(j=1,2,3,\cdots,j),y_j>0$]。因此,第 k 个决策单元 $DMU_k(k=1,2,3,\cdots,m)$ 在时间 $t(t=1,2,3,\cdots,T)$ 的投入向量和产出向量分别为 $\left(x_{1t}^k,x_{2t}^k,\cdots,x_{nt}^k\right)$ 和 $\left(y_{1t}^k,y_{2t}^k,\cdots,y_{jt}^k\right)$。假设时间窗口从时点 h 开始($1\leqslant h\leqslant T$),时间窗口宽度设置为 w,则每个窗口时间内就存在 $m\times w$ 个决策单元。

若将 $h_w\left(1\leqslant h_w\leqslant T-w+1\right)$ 记为窗口序号,则窗口 h_w 就有以下投入产出矩阵:

$$\boldsymbol{Xh_w}=\left(x_h^1,x_h^2,\cdots,x_h^m,x_{h+1}^1,x_{h+1}^2,\cdots,x_{h+1}^m,\cdots,x_{h+w}^1,x_{h+w}^2,\cdots,x_{h+w}^m\right) \tag{3.12}$$

$$\boldsymbol{Yh_w}=\left(y_h^1,y_h^2,\cdots,y_h^m,y_{h+1}^1,y_{h+1}^2,\cdots,y_{h+1}^m,\cdots,y_{h+w}^1,y_{h+w}^2,\cdots,y_{h+w}^m\right) \tag{3.13}$$

由此,产出导向 $DMU_{h_wt}^k$ 的效率为:

$$\theta_{h_wt}^k=\max_{\theta,\lambda}\theta$$

$$\text{S.T} \quad -X_{h_w}\lambda_k+X_t^k\geqslant0 \tag{3.14}$$

$$Y_{h_w}\lambda_k-\theta Y_t^k\geqslant0$$

$$\lambda_k\geqslant0(k=1,2,3,\cdots,m\times w)$$

其中,$\theta_{h_wt}^k$ 为 DMU_k 在窗口 h_w 内时间 t 上的相对效率值,k 为 DMU 在窗口 h_w 内的序号,λ_k 为投入产出矩阵的非负系数。本部分的时间窗口宽度根据 Charnes, Clark, Cooper et al.(1984)的观点,定为 3。

(四)Malmquist 指数法

1. 相邻参比 Malmquist 指数

Malmquist 在 1953 年提出了 Malmquist 指数,之后被 Caves et al.(1982)当作生产率指数来使用。Malmquist 指数方法是基于 DEA 的一种用来评价决策单元 DMU 是否有效的非参数方法,因该方法不需要设定具体的生产函数形式,且可以分解得到技术效率指数、技术进步指数,而技术效率指数又能继续分解为纯技术效率指数和规模效率指数,故越来越受到学者们的重视。Färe, Grosskopf, Norris et al.(1994)用 2 个时期的 Malmquist 生产率指数的几何平均值来计算全要素生产率指数。Malmquist 指数的基本形式如下：

$$TEPCH = M\left(x^{t+1},y^{t+1},x^t,y^t\right) = \sqrt{\frac{E^t\left(x^{t+1},y^{t+1}\right)}{E^t\left(x^t,y^t\right)}\ \frac{E^{t+1}\left(x^{t+1},y^{t+1}\right)}{E^{t+1}\left(x^t,y^t\right)}}$$

$$= \frac{E^{t+1}\left(x^{t+1},y^{t+1}\right)}{E^t\left(x^t,y^t\right)}\sqrt{\frac{E^t\left(x^t,y^t\right)}{E^{t+1}\left(x^t,y^t\right)}\ \frac{E^t\left(x^{t+1},y^{t+1}\right)}{E^{t+1}\left(x^{t+1},y^{t+1}\right)}}$$

$$EC = \frac{E^{t+1}\left(x^{t+1},y^{t+1}\right)}{E^t\left(x^t,y^t\right)}$$

$$TC = \sqrt{\frac{E^t\left(x^t,y^t\right)}{E^{t+1}\left(x^t,y^t\right)}\ \frac{E^t\left(x^{t+1},y^{t+1}\right)}{E^{t+1}\left(x^{t+1},y^{t+1}\right)}}$$

故 $M = EC \times TC$ 。   （3.15）

其中，M 是全要素生产率，EC 是技术效率指数，TC 是技术进步指数；y^t 表示 t 时期的产出，x^t 表示 t 时期的投入，y^{t+1} 表示 $t+1$ 时期的产出，x^{t+1} 表示 $t+1$ 时期的投入；$d_0^t\left(q_t,x_t\right)$ 表示 t 时期的产出函数，$d_0^s\left(q_s,x_s\right)$ 表示 s 时期的产出函数。$TEPCH$ 表示从 t 时期到 $t+1$ 时期的全要素生产率变动。EC 表示决策单元 DMU 从 t 时期到 s 时期从实际生产到前沿面的赶超速度。在规模报酬不变的假设下，采用 Malmquist 指数将全要素生产率分解为技术效率指数 ECH 和技术进步指数 TCH，如式（3.16）和式（3.17）所示。

$$ECH = \frac{d_0^t\left(q_t,x_t\right)}{d_0^s\left(q_s,x_s\right)}$$ （3.16）

$$TCH = \left[\frac{d_0^s\left(q_t,x_t\right)}{d_0^t\left(q_t,x_t\right)} \times \frac{d_0^s\left(q_s,x_s\right)}{d_0^t\left(q_s,x_s\right)}\right]^{1/2}$$ （3.17）

在规模报酬可变的条件下，ECH 可以进一步分解成纯技术效率指数 $PECH$ 和规模效率指数 $SECH$。当 $PECH$ 大于 1 时，说明纯技术效率指数得到提升；当 $SECH$ 大于 1 时，说明规模效率指数得到提升。

2. 窗口 Malmquist 模型

部分学者将窗口 DEA 法运用到 Malmquist 模型中构造出窗口 Malmquist 模型来扩展 Malmquist 指数的应用，参考集是由多个时期构成的窗口。窗口的构成由窗口宽度 d 和偏移量 f 决定。窗口默认由 t 及 t 以前的 $d-1$ 个时期构成，即

$w(t)=\{t,t-1,\cdots,t-(d-1)\}$。可通过设置偏移量使窗口发生移动,即 $w(t)=\{t+f,t-1+f,\cdots,t-(d-1)+f\}$。

也就是说,窗口 Malmquist 模型使得参考集内的数值点(每一个数值点看作一个 DMU)的数量成倍增加,有效解决了决策单元数量不足的问题。总结以往学者经验,若将窗口宽度设置为3,可有效降低测量误差,使得效率值更接近实际情况。(江涛,范流通,景鹏,2015)若 $d=3$,则窗口前沿交叉参比 Malmquist 指数(2个 Malmquist 指数的几何平均)模型如下所示:

$$M_{wc}\left(x^{t+1},y^{t+1},x^{t},y^{t}\right)=\sqrt{\frac{E^{w(t)}\left(x^{t+1},y^{t+1}\right)}{E^{w(t)}\left(x^{t},y^{t}\right)}\times\frac{E^{w(t+1)}\left(x^{t+1},y^{t+1}\right)}{E^{w(t+1)}\left(x^{t},y^{t}\right)}} \quad (3.18)$$

$$TC_{wc}=\sqrt{\frac{E^{w(t)}\left(x^{t},y^{t}\right)}{E^{w(t+1)}\left(x^{t},y^{t}\right)}\frac{E^{w(t)}\left(x^{t+1},y^{t+1}\right)}{E^{w(t+1)}\left(x^{t+1},y^{t+1}\right)}} \quad (3.19)$$

$$EC_{wc}=\frac{E^{w(t+1)}\left(x^{t+1},y^{t+1}\right)}{E^{w(t)}\left(x^{t},y^{t}\right)} \quad (3.20)$$

$$M_{wc}=EC_{wc}\times TC_{wc}$$

(五)本章选择的方法

考虑到各全要素生产率测算方法的优缺点和研究对象的特点及数量情况,本部分采用窗口 DEA 法与窗口前沿交叉参比 Malmquist 指数来测算全要素生产率指数,并将其进一步分解,得到技术效率指数、技术进步指数和规模效率指数等,然后采用窗口 DEA 法测算各地区的渔业规模报酬。

第二节 ┃ 渔业全要素生产率测算分析

上一小节已经介绍了相关的方法及本部分所采用的方法,在此基础上,本部分选取合适的渔业投入产出指标,利用窗口前沿交叉参比 Malmquist 指数法测算浙江省、全国其他沿海省区市的全要素生产率的变动,得到全要素生产率指数及其分解指数,然后进行对比分析,了解浙江省与全国其他沿海省区市之间的差异,并运用窗口 DEA 法测算渔业规模收益,以了解各沿海省区市的规模报酬情况。

一、指标选取与数据来源

根据前文对全要素生产率的概念和测算的描述,投入产出指标会对利用窗口 DEA 法和基于 DEA 的窗口前沿交叉参比 Malmquist 指数法测算的效率结果的准确与否起到重大影响作用。(张立新,朱道林,杜挺等,2017)根据西方经济学观念,投入产出指标中的土地、劳动力和资本是基本的生产要素。(Mankiw,2020)基于科学性、严谨性和可行性原则,并结合渔业经济的特点,本部分将除港、澳、台地区外的沿海 11 个省区市作为决策单元 *DMU*,将渔业水产品总量(海水养殖业产量、淡水养殖业产量、海洋捕捞业产量和淡水捕捞业产量之和)作为产出指标(陈张磊,程永毅,沈满洪,2017;于淑华,于会娟,2012;张彤,2007;岳冬冬,王鲁民,鲍旭腾等,2014);投入指标考虑劳动力投入、资本投入和自然资源投入 3 个方面,将渔业从业人员作为劳动力投入指标(陈张磊,程永毅,沈满洪,2017;张彤,2007;岳冬冬,王鲁民,鲍旭腾等,2014),机动渔船年末数作为资本投入指标(陈张磊,程永毅,沈满洪,2017;于淑华,于会娟,2012),水产养殖面积(海水养殖面积与淡水养殖面积之和)和水产苗种(淡水鱼苗和海水鱼苗之和)作为自然资源投入指标(冯伟良,2020;王秀梅,李佩国,2014;于淑华,于会娟,2012)。具体指标体系见表3.1。

表3.1　渔业全要素生产率指标体系

目标层	基准层		指标层
渔业全要素生产率	产出指标	经济产出	渔业水产品总量/万吨
	投入指标	劳动力投入	渔业从业人员/万人
		资本投入	机动渔船年末数/万艘
		自然资源投入	水产养殖面积/万公顷
			水产苗种/亿尾

注:本章所使用的数据均来自《中国渔业统计年鉴》相关年份统计数据。

二、实证结果与分析

本部分在做 DEA 分析时,结合 Cooper(2001)已有研究,提出了决策单元的数量要求,若设投入指标数量为 p 个,产出指标数量为 q 个,则决策单元 *DMU* 的个数 n 应满足以下条件:$n \geqslant \max\{p \times q, 3(p+q)\}$。本部分在对渔业全要素生产率进行分析时,共设置了1个产出、4个投入,所需*DMU*数量应为15个,但本部分选取的沿海省区市只有11个,故采用窗口宽度为3的窗口DEA与窗口前沿交叉参比Malmquist指数进行分析以解决决策单元*DMU*数量不足的问题。

（一）浙江省渔业全要素生产率测算结果

在运用窗口前沿交叉参比Malmquist指数计算全要素生产率时,采用Max-DEA软件进行测算,结果可见表3.2。

表3.2　浙江省渔业全要素生产率指数及其分解指数(2004—2021年)

年份	技术效率指数	技术进步指数	纯技术效率指数	规模效率指数	全要素生产率指数
2004—2005	1.022	1.000	1.027	0.995	1.022
2005—2006	0.836	1.000	0.847	0.987	0.836
2006—2007	1.175	0.929	1.206	0.974	1.092
2007—2008	0.896	1.000	0.922	0.971	0.896
2008—2009	1.047	0.982	0.989	1.058	1.028
2009—2010	1.055	1.026	1.078	0.978	1.082
2010—2011	1.028	1.069	0.996	1.032	1.099
2011—2012	0.952	1.104	0.953	0.999	1.051
2012—2013	0.982	1.066	1.038	0.946	1.046
2013—2014	1.063	1.033	1.027	1.035	1.098
2014—2015	0.982	1.074	1.029	0.954	1.055
2015—2016	1.039	0.998	1.030	1.009	1.038
2016—2017	1.068	0.996	0.988	1.081	1.064
2017—2018	1.018	1.014	1.019	0.999	1.032
2018—2019	0.962	1.049	0.961	1.002	1.010
2019—2020	1.039	1.009	1.041	0.998	1.048
2020—2021	1.009	0.998	1.007	1.002	1.007
均值	1.010	1.020	1.009	1.001	1.030

由表3.2可知,2004—2021年,浙江省全要素生产率指数变动得较为明显,年均增长3.0%,说明了浙江省渔业整体上朝着一个良好的方向发展。全要素生产率指数的增长主要是由技术效率指数和技术进步指数的变动引起的,且技术效率指数和技术进步指数的年均增长率分别为1.0%和2.0%,说明了技术进步和技术效率对于浙江省渔业经济的发展有较大的影响,全要素生产率的增长

比较依赖技术进步和技术效率的改善。而技术效率指数的增减依赖于纯技术效率指数和规模效率指数的变化,其中纯技术效率指数和规模效率指数的年均增长率分别为0.9%和0.1%,说明技术效率指数的增长主要依靠的是纯技术效率指数的增长,也说明在此期间纯技术效率和规模效率对全要素生产率的变化起到正向影响作用。由图3.1亦可知,渔业全要素生产率指数的变动趋势与技术效率指数的变动趋势大致相同。

从浙江省渔业全要素生产率指数的分解情况来看,全要素生产率指数在2009年前波动较大,2005—2006年、2007—2008年的全要素生产率指数均为负增长,增长率分别为−16.4%和−10.4%,此外,全要素生产率指数均大于1;技术效率指数的波动在2004—2009年期间较为明显,2005—2006年、2007—2008年、2011—2012年、2012—2013年、2014—2015年、2018—2019年均为负增长,对全要素生产率指数的增长起抑制作用,其增长率分别为−16.4%、−10.4%、−4.8%、−1.8%、−1.8%和−3.8%;技术进步指数的波动相对较小,在2006—2007年、2008—2009年、2015—2016年、2016—2017年、2020—2021年为负增长,增长率分别为−7.1%、−1.8%、−0.2%、−0.4%和−0.2%。这表明,全要素生产率的变动是技术效率和技术进步共同作用的结果。

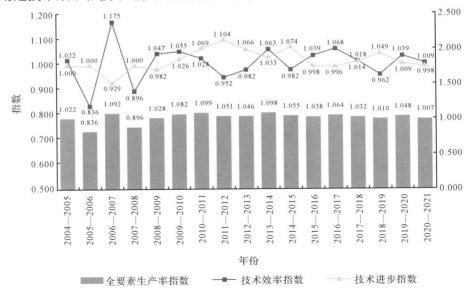

图3.1 2004—2021年浙江省全要素生产率指数及其分解指数的变化趋势

注释:主坐标轴反映技术效率指数和技术进步指数情况,次坐标轴反映全要素生产率指数情况。

（二）渔业全要素生产率指数、规模报酬指数与其他地区的比较

1.浙江省渔业全要素生产率指数与其他地区的比较

（1）浙江省全要素生产率指数与沿海省区市平均水平的比较

基于浙江省与全国全要素生产率指数及其分解指数的变动情况,结合前文的分析可知,浙江省渔业全要素生产率指数和沿海省区市平均水平的全要素生产率的年均增长率均为正。其中,沿海省区市平均水平的全要素生产率的年均增长率为2.4%,而浙江省的增长率为3.0%,比沿海省区市平均水平高出0.6个百分点。这主要得益于浙江省技术进步指数、技术效率指数的年平均增长率均比沿海省区市平均水平高出0.2个百分点。这说明浙江省渔业经济在沿海省区市中处于领先地位。具体数据见图3.2。

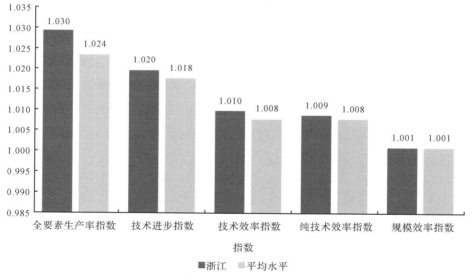

图3.2 浙江省全要素生产率指数与沿海省区市平均水平的对比

（2）浙江省全要素生产率指数与其他沿海省区市的比较

总的来看,沿海省区市全要素生产率指数都为正向增长,其中增长最快的是江苏省,增长率为5.9%,最慢的是福建省,增长率为0.8%。而浙江省全要素生产率指数的年均增长率为3.0%,在11个沿海省区市中排名第三,说明浙江省发展渔业经济在全国范围内取得了一个较为不错的结果,与排名前二的江苏省、广东省相比,浙江省全要素生产率指数的年均增长率分别相差了2.9个百分

点、0.7个百分点。具体数据见表3.3。

表3.3 沿海省区市渔业全要素生产率指数及其分解指数情况

省份	技术效率指数	技术进步指数	纯技术效率指数	规模效率指数	全要素生产率指数	排名
天津	1.003	1.016	1.002	1.001	1.018	7
河北	1.006	1.014	1.023	0.996	1.018	6
辽宁	1.008	1.017	1.001	1.007	1.025	4
上海	0.996	1.021	1.004	0.991	1.014	9
江苏	1.045	1.016	1.042	1.003	1.059	1
浙江	1.010	1.020	1.009	1.001	1.030	3
福建	1.002	1.007	1.001	1.000	1.008	11
山东	1.003	1.011	1.001	1.002	1.012	10
广东	1.012	1.028	1.019	0.997	1.037	2
广西	0.997	1.029	0.988	1.010	1.024	5
海南	1.003	1.018	0.996	1.004	1.014	8
均值	1.008	1.018	1.008	1.001	1.024	

数据来源:根据《中国渔业统计年鉴》相关年份统计数据,由Max-DEA软件测算得到。

浙江省全要素生产率指数的增长主要依赖于技术效率指数和技术进步指数的提高,技术效率指数和技术进步指数年均增长率分别为1.0%和2.0%,其中技术效率指数的增长主要来源于纯技术效率指数0.9%的年均增长率。

而排名第一的江苏省全要素生产率指数的增长主要依赖于技术效率指数的提升,其中技术效率指数的年均增长率为4.5%,其次是技术进步指数,年均增长率为1.6%。广东省技术效率指数、技术进步指数的年均增长率分别为1.2%、2.8%,说明广东省全要素生产率指数的增长主要依赖于技术进步指数的提升;而规模效率指数则呈现出负增长的趋势,年均增长率为−0.3%,说明规模效率指数对全要素生产率指数的增长起到了抑制作用。

2.浙江省渔业规模报酬与其他地区的比较

(1)浙江省规模报酬与沿海省区市平均水平的比较

为更进一步地分析浙江省渔业生产规模报酬情况,本部分运用窗口DEA

法得到2021年浙江省渔业综合效率、纯技术效率和规模效率信息。

对比浙江省与我国沿海省区市的平均水平可以发现,浙江省渔业规模报酬情况优于沿海省区市平均水平。浙江省渔业的综合效率指数、纯技术效率指数和规模效率指数均为有效值1.000,而沿海省区市的综合效率指数、纯技术效率指数和规模效率指数的平均水平均未落在前沿线上,分别为0.876、0.930和0.943,可见沿海省区市的技术与规模还存在提升空间。具体数据见图3.3。

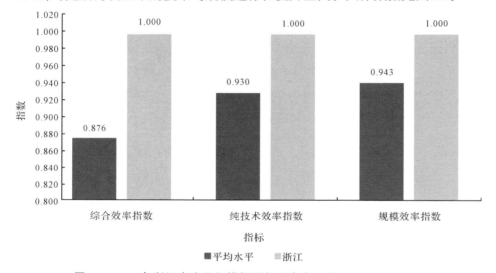

图3.3　2021年浙江省渔业规模报酬与沿海省区市平均水平的对比

(2)浙江省规模报酬与其他沿海省区市的比较

对比浙江省与其他沿海省区市规模报酬情况,可以发现,浙江省处于规模报酬不变的状态,河北省、上海市和海南省处于规模报酬递增的状态,江苏省、山东省、广东省和广西壮族自治区处于规模报酬递减的状态。

2021年浙江省渔业综合效率指数、纯技术效率指数和规模效率指数均为1.000,说明2021年由于技术整体水平的提高、生产规模的调整等,浙江省渔业达到了最佳的投入产出量;河北省、上海市和海南省因处于规模报酬递增状态,相同的投入易获得更高的产出,故提升技术、扩大规模均可以获得较大的规模报酬;江苏省、山东省、广东省和广西壮族自治区虽都处于规模报酬递减的状态,但有所不同。山东省和广东省的纯技术效率指数为1.000,而规模效率指数均低于1.000,说明山东省和广东省的技术投入达到最佳水平,但规模效率指数仍有提升空间,因此应更注重规模调整;而江苏省和广西壮族自治区的纯技术效率指数和规模效率指数均小于1.000,且纯技术效率指数低于规模效率指数,因此江苏省和广西壮族自治区更要注重技术发展。具体数值见表3.4。

表3.4　2021年浙江省渔业规模报酬与其他地区的比较

地区	综合效率指数	纯技术效率指数	规模效率指数	规模报酬状态
天津	1.000	1.000	1.000	不变
河北	0.754	0.911	0.828	递增
辽宁	1.000	1.000	1.000	不变
上海	0.575	1.000	0.575	递增
江苏	0.718	0.725	0.990	递减
浙江	1.000	1.000	1.000	不变
福建	1.000	1.000	1.000	不变
山东	0.969	1.000	0.969	递减
广东	0.821	1.000	0.821	递减
广西	0.718	0.725	0.990	递减
海南	0.774	0.857	0.904	递增
平均	0.848	0.929	0.916	

数据来源:根据《中国渔业统计年鉴》相关年份统计数据,由Max-DEA软件测算得到。

第三节 ┃ 结论与启示

本章利用2004—2021年浙江省渔业数据,通过窗口前沿交叉参比Malmquist指数法与窗口DEA法分别测算出浙江省及全国其他沿海省区市的渔业全要素生产率与规模报酬情况,并对其进行了系统分析,由此得到以下结论与启示。

一、本章结论
本章从渔业全要素生产率视角出发,结合投入产出数据测算了浙江省及全国其他沿海省区市的渔业全要素生产率与规模报酬情况,得到了以下几个方面的结论：

第一，通过对浙江省2004—2021年渔业全要素生产率指数及其分解指数的分析，发现，浙江省渔业全要素生产率指数、技术效率指数与技术进步指数总体上都实现了正向发展，全要素生产率的增长主要依靠技术进步的增长。

第二，通过将浙江省全要素生产率指数与其他沿海省区市比较，发现，浙江省无论是渔业全要素生产率指数，还是技术进步指数、技术效率指数均优于沿海省区市的平均水平。具体来看，沿海省区市中全要素生产率指数增长最快的3个省份分别是江苏省、广东省和浙江省。

第三，通过将浙江省规模报酬与其他沿海省区市比较，发现，浙江省渔业在综合效率、纯技术效率和规模效率方面均处于有效发展状态，实现了优质发展。并且各沿海省区市中，处于规模报酬不变的有天津市、辽宁省、浙江省和福建省，处于规模报酬递增的有河北省、上海市和海南省，处于规模报酬递减的有江苏省、山东省、广东省和广西壮族自治区，这说明2021年浙江省渔业生产规模达到了最佳状态。

二、政策启示

针对以上结论，为提高浙江省渔业全要素生产率，可以采取以下对策：

（一）加大渔业科技投入

"科学技术是第一生产力"，技术进步又是2004—2021年浙江省渔业全要素生产率增长的主要因素，因此应该加大渔业技术投入，发挥科技进步对于全要素生产率的提升作用。一方面，浙江省可以构建渔业科技创新体系，充分整合科研资源，加强渔业生产技术开发，采取产学研结合、设立科研项目、提供配套资金等多种措施推动渔业生产技术进步；另一方面，培养渔业技术人才，成立专业的渔业科研团队，并且完善人才分类认定、平台建设、创新激励、人才评价、安居保障等政策体系，对外招揽优秀人才，对内大力促进中青年本土科技人才发展，如给予稳定的培育经费，从而推动渔业技术的研发并提高渔业技术的使用效率。

（二）因地制宜打造特色渔业品牌

比较浙江省与其他沿海省区市全要素生产率情况,向渔业发展水平更高的省份学习,并结合浙江省自身特色发挥渔业的区域优势,同时因地制宜地实现特色渔业规模化生产,打造具有地域特色的渔业品牌。此外,采取差异化管控方式,推动区域渔业均衡发展;分析各地区技术进步、技术效率方面存在的问题,准确定位薄弱项;对于技术进步指数和技术效率指数较低的地区,应加强渔业技术推广和服务,实现要素集约化利用;对于技术进步指数和技术效率指数较高的地区,通过"先强带动后强"的方式推动其与其他地区融合发展。

（三）促进渔业经济规模化发展

合理化投入要素规模,实现浙江省渔业投入要素的最优配置和渔业的规模化生产,提高渔业的规模效率,从而促进渔业全要素生产率的提高。渔业经济的可持续发展不能只是单纯地通过增加鱼苗数量和养殖面积来提升全要素生产率,更需要进行科学的测算,合理安排渔业养殖规模,注重渔业的生态布局,使渔业朝着规模化、集约化和整体化的方向进一步发展,并通过优化渔业投入结构来提高生产规模效率。

第四章
浙江省渔业产业
关联特征分析

渔业作为海洋经济中的重要部分,与其他行业存在着广泛的关联性,因此可以通过关联性带动各行业的发展,进而提高整体经济效益。(刘冲,李皓宇,2023)本章分为3部分:一是对有关投入产出、产业关联等的理论进行详细的阐述;二是从多个视角对浙江省渔业与其他产业的内在关系与结构进行深入的研究;三是定量地分析渔业对其他产业的影响,从而为促进浙江省渔业的结构优化、渔业与其他产业的协调发展,提出一些有针对性的政策建议。

第一节 | 相关理论介绍

投入产出法是一种用来考察各行业间相互依存关系的经济分析方法。它是对经济体系中各行业产出和投入的各类要素的关系进行分析,从而反映出各行业间的关联性与依存性。本节的重点是对投入产出理论与产业关联理论的阐述。

一、投入产出理论

(一)投入产出表

投入产出表是投入产出理论的表现形式与具体运用的基础,是进行产业关联效应研究的主要依据。它是一张纵横交叉的平衡表,可以分为实物型和价值型2种,常用的价值型投入产出表的结构如表4.1所示。(贾俊霞,2021)

表4.1 价值型投入产出表的结构

投入产出		中间使用	最终使用					总产出
		1 2 3 … n 合计	最终消费	资本形成总额	出口	进口	合计	
中间投入	1 2 3 ⋮ n 合计	x_{ij} 第Ⅰ象限	Y_i 第Ⅱ象限					X_i

投入产出		中间使用	最终使用					总产出
		1 2 3 … n 合计	最终消费	资本形成总额	出口	进口	合计	
增加值	劳动者报酬	D_j, V_j, T_j, M_j 第Ⅲ象限						
	生产税净额							
	固定资产折旧							
	营业盈余							
	合计	Z_j						
总投入		X_j						

表4.1中,第Ⅰ象限是投入产出表的中心区域,横纵方向分别反映了国民经济各产业部门之间不同的生产价值关系。从横向看,x_{ij}表示部门i分配给部门j的作为生产资料的产品量;从纵向看,x_{ij}表示部门j为生产所消耗的部门i的产品量。

第Ⅱ象限是最终使用象限。最终消费包括居民消费和政府消费,资本形成总额包括固定资本形成和存货增加总额。Y_i表示部门(或产业)i提供的最终产品的价值量,x_i表示部门(或产业)i的总产值。

第Ⅲ象限是增加值象限。增加值是指常住单位新创造的价值与固定资产转移价值之和。D_j、V_j、T_j和M_j分别表示部门j的劳动者报酬、生产税净额、固定资产折旧和营业盈余,Z_j表示部门j的增加值合计,x_j表示部门j的总投入。

根据表4.1的基本结构,从横向看,某产业的总产值等于该产业提供的中间产品价值及其提供的最终产品价值之和,可表示为式(4.1)。从纵向看,某产业的总产值等于该产业消耗的中间产品价值及其增加值之和,可表示为式(4.2)。

$$\sum_{j=1}^{n} x_{ij} + Y_i = X_i \ (i = 1,2,\cdots,n) \tag{4.1}$$

$$\sum_{j=1}^{n} x_{ij} + Z_j = X_j \ (j = 1,2,\cdots,n) \tag{4.2}$$

(二)投入产出模型

假定对于任意2个部门i和j,其中间投入x_{ij}与部门j的总投入之间存在着线性关系,即 $a_{ij} = \dfrac{x_{ij}}{X_j}$。那么,称 a_{ij} 为直接消耗系数[①],$x_{ij} = a_{ij}X_j$ 关系成立。将之代入式(4.1),整理后可得式(4.3)。

$$\sum_{j=1}^{n} a_{ij}X_j + Y_i = X_i \ (i = 1,2,\cdots,n) \tag{4.3}$$

式(4.3)的线性方程组也可以写成矩阵形式,如式(4.4)所示。

$$AX+Y=X \tag{4.4}$$

其中,$A = \begin{pmatrix} a_{11} & a_{12}\cdots & a_{1n} \\ a_{21} & a_{22}\cdots & a_{2n} \\ \vdots & \vdots & \vdots \\ a_{n1} & a_{n2}\cdots & a_{nn} \end{pmatrix}$,表示直接消耗系数矩阵;$X = \begin{pmatrix} X_1 \\ X_2 \\ \vdots \\ X_n \end{pmatrix}$,表示总产出向量;$Y = \begin{pmatrix} Y_1 \\ Y_2 \\ \vdots \\ Y_n \end{pmatrix}$,表示最终使用向量。

把式(4.4)中的总产出和最终使用设为 2 列变量,可以得到 2 个投入产出模型。整理可得:

$$Y=(I - A)X \tag{4.5}$$

$$X=(I - A)^{-1}Y \tag{4.6}$$

式(4.5)、式(4.6)将总产出与最终使用联系起来。$(I - A)$ 矩阵被称为列昂惕夫逆矩阵,在投入产出模型中起着至关重要的作用。当由各产业部门最终产品的线性组合来表示各产业部门的总产出时,两者的数量关系由列昂惕夫逆矩阵的元素来确定。(赵锐,何广顺,赵晰,2007)从纵列来看,$(I - A)$ 矩阵中元素展现了国民经济各行业之间的投入产出关系,而主对角线上的元素表示行业自身产出扣除消耗后的净产出。

二、产业关联理论

产业关联主要体现在 2 个方面:产品供需和技术供给。

第一,在产品供需方面,每个行业生产的产品都是其他行业生产过程中所

---

① 直接消耗系数表示的经济意义,可见下文。

需的输入要素,即它们是相互补充、相互连接的。除了最终消费品的生产之外,任何一个行业的产品都会成为其他行业继续生产的基础。这种供需关系促进了各个产业之间的合作与资源共享,提高了整个产业链的效率。

第二,从技术供给角度来看,各行业间的技术关联,将促进相关行业的技术创新与进步,进而促进整个国家技术水平的提升。行业间的技术交流与合作是推动创新、拉动经济增长的关键。

产业关联度体现了产业与其他产业之间相互依存和相互推动的关系。通过建立良好的产品供需和技术供给网络,不仅可以提高产业链的协同效应,还能够促进整个国民经济向着更高的技术水平发展。

分析渔业与其他产业之间的关联程度,主要采用前向关联分析、后向关联分析[1]等方法。

三、分析内容与数据

由于统计部门每5年公布一次浙江省投入产出基本流量表(一般逢年份尾数为2、7时发布),截至本书撰写完成时的最新数据为2020年发布的《浙江省2017年142部门投入产出表》[2],本章采用2007年[3]、2012年[4]和2017年3个年份的浙江省投入产出基本流量表作为数据分析的基础。

目前,关于海洋产业的分析已经比较成熟,为了揭示海洋产业之间的深层次关系,研究者们大部分都以投入产出表为基础,通过投入产出法挖掘海洋经济系统中各个产业之间的复杂关系。研究结果显示,海洋产业与其他产业之间存在着较强的关联关系,特别是海洋渔业和运输业,可以通过前向关联和后向关联,为其他产业提供原材料或提高其增加值。(向书坚,徐映梅,郑瑞坤,

---

① 前向关联分析和后向关联分析表示的经济意义,可见下文。

② 2020年10月23日,浙江省统计局公布《浙江省2017年142部门投入产出表》,详见 http://tjj.zj.gov.cn/art/2020/10/23/art_1229418434_58891191.html。

③ 2020年10月23日,浙江省统计局公布《浙江省2012年139部门投入产出表》,详见 http://tjj.zj.gov.cn/art/2020/10/23/art_1229418434_58891188.html。

④ 2020年10月23日,浙江省统计局公布《浙江省2007年144部门投入产出表》,详见 http://tjj.zj.gov.cn/art/2020/10/23/art_1229418434_58891185.html。

2019;蹇令香,苏宇凌,曹珊珊,2021;刘波,龙如银,朱传耿等,2020)

从这一点可以看出,渔业产业在我国海洋经济体系中的地位不容忽视。基于上述研究,本章通过对浙江省渔业产业和其他产业的直接和间接相关性进行研究,定量分析渔业产业的投入产出结构与产业关联特征,厘清其中的交互作用,进而发现影响浙江省渔业产业及经济发展的重要因素,为进一步促进浙江省经济的高质量发展提供新的思路。(林鸢飞,2023)

第二节 | 渔业投入产出关联系数分析

产业关联的本质是各产业部门在经济活动中的技术经济关系。(郑休休,刘青,赵忠秀,2022)海洋渔业与其他产业间的技术经济关系错综复杂,既相互依存,也相互制约。(菅康康,俞存根,陈静娜等,2019)本节通过投入产出分析,依据2007年、2012年和2017年投入产出基本流量表对渔业和其他产业间的关联关系和关联程度进行测度。

一、渔业投入结构分析

渔业部门的总投入可以分为2个方面:一是来自其他产业部门的产品或服务等中间投入;二是渔业部门自身的投入。

(一)最初投入结构分析

对最初投入结构的分析,是通过计算最初投入结构系数来开展的。最初投入结构系数是指在经济活动中某产业部门生产单位产出所需要的各种最初投入的数量,即各种最初投入在总产值中所占的比重。(杨飞,2022)

按照最初投入构成,最初投入结构系数可以分为如表4.2所示的4个部分。系数数值越大,就说明最初投入中该部分所占比重越大,同时该系数也反映了渔业增加值的构成状况。另外,其值愈大,表示最初投入在总产值中所占的比例愈大。因为所有最初投入之和即为渔业增加值之和,最初投入结构系数实质上就是渔业增加值的构成系数。

在此基础上,根据浙江省2007年、2012年和2017年的投入产出基本流量表计算最初投入结构系数,结果如表4.2所示。

表4.2 浙江省渔业部门的最初投入结构系数

系数	2017年		2012年		2007年	
		部门平均值		部门平均值		部门平均值
劳动者报酬系数	0.5102	0.1586	0.5750	0.1414	0.5516	0.1526
生产税净额系数	−0.0338	0.0438	−0.0632	0.0547	−0.0315	0.0333
固定资产折旧系数	0.0786	0.0438	0.0743	0.0384	0.0547	0.0460
营业盈余系数	0.0000	0.0850	0.0000	0.0856	0.0000	0.1002
增加值率	0.5550		0.5861		0.5748	

与2007年的测算结果相比,2012年和2017年的固定资产折旧系数都提高了,2012年与2017年分别提高了0.0196和0.0239;2017年的劳动者报酬系数和生产税净额系数则分别下降了0.0414和0.0023;2017年的营业盈余系数维持不变;2012年的增加值率上升了0.0113,2017年的增加值率下降了0.0198。

通过以上分析,可知浙江省渔业的最初投入结构大致情况。下面将通过对每个最初投入结构系数的变化情况的研究,进一步分析得出浙江省渔业的发展情况和产业特征。

从劳动者报酬系数看,在部门平均值增加的情况下,2017年渔业的劳动者报酬系数较2007年有所下降,表明浙江省渔业的劳动力密集型特点逐渐减弱。

从生产税净额系数看,2017年渔业的生产税净额系数小于142个产业部门的平均值,表明渔业的利税能力和对税收的贡献在所有产业中处于较低水平;生产税净额系数为负数,表明渔业向政府缴纳的生产税小于获得的生产补贴,反映出政府对浙江省渔业的生产补贴很高。

从固定资产折旧系数看,渔业的固定资产折旧系数与部门平均值相差不大,表明政府对渔业的物质投入和技术装备投入处于一般水平。

从营业盈余系数看,渔业的营业盈余系数一直为0,说明浙江省的渔业十分缺乏营业盈余能力。根据营业盈余的计算方法①,渔业企业的营业利润和生产补贴几乎仅能与开支的工资和福利相抵,即渔业的利润增加值由除了营业

① 营业盈余≈企业的营业利润+生产补贴−从利润中开支的工资和福利等。

盈余之外的劳动者报酬、固定资产折旧和生产税净额3部分组成。

（二）中间投入结构分析

中间投入率是中间投入分析中的主要指标，计算公式可表示为：

$$F_j = \frac{\sum_{i=1}^{n} x_{ij}}{\left(\sum_{i=1}^{n} x_{ij} + Z_j\right)} \quad (i,j=1,2,\cdots,n) \tag{4.7}$$

其中，F_j 是指产业部门 j 在生产过程中投入其他产业部门的中间投入与总投入之比，其他符号意义同前文。

中间投入率越高，意味着某产业部门在生产过程中对其他部门的生产和服务的投入越多，说明其他产业部门对该产业部门的依赖性较强，但也表明该产业部门的附加值较低。因此，通常情况下，以50%为界，根据中间投入率是否高于50%可将产业部门划分为"低附加值、高带动能力"和"高附加值、低带动能力"2种。根据式（4.7），利用2007年、2012年、2017年浙江省投入产出基本流量表的数据开展测算，结果可见表4.3。

表4.3　浙江省渔业部门的中间投入率

年份（投入产出部门）	中间投入率	排名	部门平均值
2017年（142部门）	0.4450	125	0.6617
2012年（139部门）	0.4140	120	0.6654
2007年（144部门）	0.4252	120	0.6539

由表4.3可知，2017年浙江省渔业部门的中间投入率为0.4450，低于142个部门的平均值（0.6617），位居第125，排名靠后，与排名第一的植物油加工品行业部门的0.9104相差了一倍多。

与2007年相比，2017年浙江省渔业部门的中间投入率小幅上升了0.0198，排名变化不大，由第120名下降至第125名，说明渔业部门对其他产业部门的投入变化幅度不大，基本稳定。

中间投入率测算结果表明，渔业部门属于低投入型部门，有"高附加值、低带动能力"的产业特征。也就是说，与其他行业相比，渔业对下游工业的拉动作用相对薄弱，但仍有进一步发展的空间。为此，浙江省渔业可以优化产业结构,致力于发展多样化的渔业,增强渔业对上游产业的直接带动作用。同时,利用渔业部门在生产过程中与其他产业部门产生的关联效应和波及效应,增强渔业对上游产业的间接带动作用,从而将其转变为具有高带动力的领域。(Garza-Gil,Juan,Surís-Regueiro,2017)

(三)中间需求分析

国民经济中各产业部门的中间需求是指其他产业部门对该产业部门产出的总消耗,代表指标是中间需求率(G_i),公式可表示为:

$$G_i = \frac{\sum\limits_{j=1}^{n} x_{ij}}{\left(\sum\limits_{j=1}^{n} x_{ij} + Y_i\right)} \quad (i,j=1,2,\cdots,n) \tag{4.8}$$

其中符号意义同前文。

一般情况下,一个产业部门的中间需求率越高,说明该产业部门的产出在国民经济中的作用越接近于生产资料,且其他产业部门对其的需求量越大。当中间需求率较小时,这一产业部门的产出就靠近最终消费品。因此,中间需求率的大小,实质上反映的是各个产业部门的产出在生产资料和消费资料中所占比重的情况。同时,当中间需求率较高时,还表示某一产业部门对其他产业部门的影响较大。

根据相关数据测算,2017年渔业部门的中间需求率为0.4299,低于142个部门的平均值(0.4462),位居第77。相关数据可见表4.4。

表4.4　浙江省渔业部门的中间需求率

年份(投入产出部门)	中间需求率	排名	部门平均值
2017年(142部门)	0.4299	77	0.4462
2012年(139部门)	0.4299	83	0.5291
2007年(144部门)	0.6540	59	0.5363

数据来源:根据浙江省2007年、2012年、2017年投入产出基本流量表计算得出。

与2007年相比,2017年渔业部门的中间需求率下降了0.2241,且排名下降了18个名次。可见浙江省渔业部门对其他产业部门的投入产出影响力有所减弱。

（四）渔业部门投入的类型分析

在投入产出分析中,通常按照各产业部门的中间需求率和中间投入率,将国民经济产业分为4种类型。具体分类的标准可见表4.5。

表4.5 国民经济产业分类标准

指标范围	中间需求率<0.5	中间需求率≥0.5
中间投入率≥0.5	最终需求型产业（Ⅲ类）	中间产品型产业（Ⅱ类）
中间投入率<0.5	最终需求型基础产业（Ⅳ类）	中间产品型基础产业（Ⅰ类）

基于表4.3、表4.4的计算结果和表4.5的分类标准,结合2007年、2012年和2017年的投入产出基本流量表数据可以发现,浙江省渔业部门的产业类型发生了变化:从2007年的中间产品型基础产业(Ⅰ类),转变为2012年和2017年的最终需求型基础产业(Ⅳ类)。这表明,目前浙江省渔业部门具有"高附加值、低带动能力"的特征,是偏向于提供生活资料的产业部门。

二、前向关联分析

（一）指标测算

前向关联指的是通过供给与其他产业部门产生的关联。前向关联分析也就是对这个产业部门在为其他产业部门提供产品(中间投入)时所产生的关联进行分析,通常采用的是基于直接分配系数或完全分配系数的方法,公式分别为:

$$h_{ij} = \frac{x_{ij}}{X_i} \ (i,j = 1,2,\cdots,n) \tag{4.9}$$

$$W = (w_{ij}) = (I - H)^{-1} - I \ (i,j = 1,2,\cdots,n) \tag{4.10}$$

其中,h_{ij}表示直接分配系数,即部门i分配的作为中间投入的产品价值占部门j的产品总价值的比例。w_{ij}表示完全分配系数,其越大,即某产业部门供给某种最终产品的量越大,表明部门间的关联度越高,供给推动作用越明显。两者均是基于投入产出基本流量表进行计算和分析得到的。(苏二豆,郭娟娟,薛军,2023;吴利学,方萱,2022)

（二）直接分配分析

根据计算结果（表4.6），2017年，与渔业部门产生直接分配关系的部门共有7个，依次为餐饮业（0.2696），渔业（0.0563），其他食品①（0.0461），水产加工品（0.0206），饲料加工品业（0.0118），农、林、牧、渔服务产品（0.0004），蔬菜、水果、坚果和其他农副食品加工品（0.0002）。其中，仅餐饮业的结构比例已经达到超过一半的水平，表明渔业部门在供给其他部门的过程中对餐饮业的依赖性相当强，占据着主导地位。

与2007年的情况相比，2017年与渔业部门有着直接的前向关联关系的产业部门数明显减少（2007年为14个），但集中度明显升高。值得一提的是，从直接分配系数来看，渔业与相关行业的关联程度的深刻变化主要表现在：

第一，在2017年，渔业部门与餐饮业的前向关联程度下降，直接分配系数由2007年的0.3651下降至2017年的0.2696，但结构比例上升了，达到66.55%的水平。同时，餐饮业、渔业和其他食品的结构比例之和就已经超过90%。

第二，与2007年和2012年相比，2017年的农、林、牧、渔服务产品，蔬菜、水果、坚果和其他农副食品加工品与渔业部门的直接前向关联呈现了从无到有的突变，直接分配系数分别为0.0004和0.0002。

上述情况表明，渔业部门在对其他部门的供给过程中主要依赖于餐饮业、渔业和其他食品，新增部门的加入也让渔业部门的供给更集中于相关行业。

（三）完全分配分析

根据测算结果，2017年与渔业部门存在完全分配关系的部门有133个，数量多于有直接消耗关系的部门，这说明渔业部门和许多部门之间都存在着一定的间接后向关联。

从表4.7可以看出，2017年完全分配系数居于前5位的分别是餐饮（0.3158）、渔产品（0.0711）、其他食品（0.0547）、水产加工品（0.0420）、商务服务

---

① 2012年投入产出基本流量表中的"其他食品"，对应了2007年表中的"其他食品加工业"和"其他食品制造业"。本部分将2007年的相关数据和2017年的"其他食品"的计算结果进行对比。

（0.0287）。但从完全分配系数来看，超过0.01的部门只有10个（除了上述的5个部门外，还包括医药制品、饲料加工品、卫生、畜牧产品及货币金融和其他金融服务）。这表明渔业部门的完全分配作用主要体现在少数的几个部门上。与2017年的直接分配系数相比，2017年的完全分配系数排名前4的部门均未发生变化，且增幅不大，这也表明渔业部门对以上部门的供给推动作用主要体现在直接分配方面。

为了反映不同的年度渔业部门对其余部门的完全分配效应的变化情况，我们对相关测算结果进行了整理，结果可见表4.8。

从表4.8中可以看出，排名下降较大的是土木工程建筑、金属制品等部门，其中土木工程建筑部门从2007年的第6位跌到2017年的第19位，金属制品部门从第11位跌到第24位。而排名提升较大的部门有医药制品（从2007年的第24位上升到2017年的第6位）、商务服务（从2007年的第22位上升到2017年的第5位）、其他食品、纺织服装服饰等部门。

可以看出，医药制品、商务服务等部门逐渐替代了之前的皮革、毛皮、羽毛（绒）及其制品业，旅游业，软饮料及精制茶加工业等部门。结合直接分配系数，可以发现渔业部门与医药制品、商务服务等部门的关系越来越密切，渔业部门的产品和服务直接或间接分配给这些部门的比重有了显著提高。

表 4.6　渔业部门对其他部门的直接分配情况

排名	2007年 部门名称	直接分配系数	结构比例	2012年 部门名称	直接分配系数	结构比例	2017年 部门名称	直接分配系数	结构比例
1	餐饮业	0.3651	0.5546	水产加工品	0.2710	0.6204	餐饮业	0.2696	0.6655
2	水产品加工业	0.2312	0.3511	文教、工美、体育和娱乐用品	0.0862	0.1974	渔业	0.0563	0.1390
3	渔业	0.0292	0.0443	餐饮	0.0354	0.0810	其他食品*	0.0461	0.1138
4	其他食品加工业	0.0046	0.0070	其他食品*	0.0299	0.0684	水产加工品	0.0206	0.0509
5	植物油加工业	0.0041	0.0062	住宿	0.0132	0.0302	饲料加工品业	0.0118	0.0291
6	其他食品制造业	0.0039	0.0060	屠宰及肉类加工品	0.0008	0.0018	农、林、牧、渔服务产品	0.0004	0.0011
7	软饮料及精制茶加工业	0.0037	0.0056	医药制品	0.0003	0.0007	蔬菜、水果、坚果和其他农副食品加工品	0.0002	0.0004
8	饲料加工业	0.0033	0.0050						
9	屠宰及肉类加工业	0.0032	0.0049						
10	皮革、毛皮、羽毛（绒）及其制品业	0.0022	0.0034						
11	制糖业	0.0017	0.0025						
12	谷物磨制业	0.0016	0.0025						
13	酒精及酒的制造业	0.0012	0.0019						
14	工艺品及其他制造业	0.0012	0.0018						
结构比例累计			0.9968			0.9999			0.9999

注：①结构比例=某部门的分配系数/全部部门的分配系数之和。②粗体部分表示在2007年、2012年和2017年这3次调查中，直接分配系数较大的部门，下同。

表4.7 渔业部门对其他部门的完全分配情况

排名	2007年			2012年			2017年		
	部门名称	完全分配系数	结构比例	部门名称	完全分配系数	结构比例	部门名称	完全分配系数	结构比例
1	餐饮业	0.4008	0.3095	水产品加工品	0.3167	0.4347	餐饮业	0.3158	0.3854
2	水产品加工业	0.3055	0.2359	文教、工美、体育和娱乐用品	0.0958	0.1315	渔产品	0.0711	0.0868
3	公共管理和社会组织	0.0710	0.0548	餐饮	0.0499	0.0685	其他食品	0.0547	0.0667
4	渔业	0.0370	0.0286	其他食品	0.0365	0.0501	水产加工品	0.0420	0.0513
5	饲料加工业	0.0263	0.0203	住宿	0.0246	0.0338	商务服务	0.0287	0.0351
6	房屋和土木工程建筑业	0.0202	0.0156	饲料加工品	0.0181	0.0248	医药制品	0.0226	0.0276
7	畜牧业	0.0201	0.0156	畜牧产品	0.0117	0.0160	饲料加工品	0.0180	0.0219
8	皮革、毛皮、羽毛（绒）及其制品业	0.0163	0.0126	货币金融和其他金融服务	0.0094	0.0130	卫生	0.0169	0.0207
9	旅游业	0.0161	0.0125	批发和零售	0.0075	0.0103	畜牧产品	0.0136	0.0166
10	软饮料及精制茶加工业	0.0142	0.0110	房屋建筑	0.0065	0.0089	货币金融和其他金融服务	0.0106	0.0129
11	金属制品业	0.0114	0.0088	纺织服装服饰	0.0058	0.0080	房屋建筑	0.0099	0.0121
12	植物油加工业	0.0110	0.0085	医药制品	0.0057	0.0078	保险	0.0089	0.0109
13	批发业	0.0110	0.0085	土木工程建筑	0.0055	0.0076	专业技术服务	0.0084	0.0102
14	其他食品制造业	0.0109	0.0084	专业技术服务	0.0051	0.0069	批发	0.0075	0.0091

续表

排名	2007年			2012年			2017年		
	部门名称	完全分配系数	结构比例	部门名称	完全分配系数	结构比例	部门名称	完全分配系数	结构比例
15	棉、化纤纺织及印染精加工业	0.0108	0.0083	渔产品	0.0050	0.0069	纺织服装服饰	0.0073	0.0089
16	其他食品加工业	0.0106	0.0082	娱乐	0.0049	0.0068	电力、热力生产和供应	0.0071	0.0087
17	汽车制造业	0.0102	0.0079	商务服务	0.0042	0.0057	棉、化纤纺织及印染精加工品	0.0068	0.0083
18	屠宰及肉类加工业	0.0096	0.0074	金属制品	0.0041	0.0056	零售	0.0060	0.0073
19	纺织服装、鞋、帽制造业	0.0095	0.0073	屠宰及肉类加工品	0.0040	0.0054	土木工程建筑	0.0059	0.0072
20	银行业	0.0094	0.0073	公共管理和社会组织	0.0040	0.0054	通信设备	0.0057	0.0069
21	其他通用设备制造业	0.0094	0.0062	保险	0.0038	0.0053	塑料制品	0.0054	0.0066
22	商务服务业	0.0080	0.0055				针织或钩针编织织物及制品	0.0052	0.0063
23	塑料制品业	0.0072	0.0055				房地产	0.0050	0.0061
24	医药制造业	0.0071	0.0055				金属制品	0.0050	0.0061
25	电力、热力的生产和供应业	0.0069	0.0053				屠宰及肉类加工品	0.0047	0.0057
26	工艺品及其他制造业	0.0067	0.0052				鞋	0.0046	0.0056
27	造纸及纸制品业	0.0064	0.0049				皮革、毛皮、羽毛及其制品	0.0046	0.0056
28	有色金属压延加工业	0.0063	0.0049				互联网相关服务	0.0043	0.0053

续表

排名	2007年			2012年			2017年		
	部门名称	完全分配系数	结构比例	部门名称	完全分配系数	结构比例	部门名称	完全分配系数	结构比例
29	房地产开发经营业	0.0059	0.0046				其他通用设备	0.0043	0.0052
30	针织品、编织品及其制品制造业	0.0057	0.0044						
31	钢压延加工业	0.0057	0.0044						
32	泵、阀门、压缩机及类似机械的制造业	0.0053	0.0041						
33	化学纤维制造业	0.0053	0.0041						
34	通信设备制造业	0.0052	0.0040						
结构比例累计			0.8672			0.8631			0.8673

表4.8　3次调查年度中渔业部门对部分部门的完全分配变化情况

部门	2017年排名	2012年排名	2007年排名	排名变化
水产加工品	4	1	2	↓2(-0.2635)
餐饮	1	3	1	—(-0.0850)
其他食品	3	4	14/16	
饲料加工品	7	6	5	↓2(-0.0083)
畜牧产品	9	7	7	↓2(-0.0065)
批发和零售	14/18	9	13	
纺织服装服饰	15	11	19	↑4(-0.0022)
医药制品	6	12	24	↑18(0.0155)
土木工程建筑	19	13	6	↓13(-0.0143)
渔产品	2	15	4	↑2(0.0341)
商务服务	5	17	22	↑17(0.0207)
金属制品	24	18	11	↓13(-0.0064)
屠宰及肉类加工品	25	19	18	↓7(-0.0049)

注:排名变化栏中"( )"内的数值,表示2007年和2017年2次调查年度中完全分配系数的变动幅度。

三、后向关联分析

(一)指标测算

后向关联是指某一产业部门通过需求与其他产业部门发生的关联,而这些需求是通过消耗其他部门的产品而产生的。一般采用直接消耗系数和完全消耗系数进行测算,公式分别为:

$$a_{ij} = \frac{x_{ij}}{X_j} \quad (i,j=1,2,\cdots,n) \tag{4.11}$$

$$b_{ij} = a_{ij} + \sum b_{ik} + a_{kj} \quad (k=1,2,\cdots,n) \tag{4.12}$$

式(4.11)中,a_{ij}是指部门j生产单位产品所消耗的部门i的产出,其数值越大,说明各产业部门之间的关联程度越高。由于在产品的生产过程中还存在各种间接消耗,即部门A的生产消耗了部门B的产品,而部门B的生产消耗了部门C的产品,因此部门A也存在着间接消耗部门C产品的情况(Wang,Wang,2019)。

（二）直接消耗分析

根据测算结果,2017 年渔业部门与其他 18 个部门的结构比例总和已经达到 90.78%,与 2007 年达到近似比例的部门减少了 3 个。这说明渔业部门对其他部门的直接消耗有越来越集中的趋势。

2017 年渔业部门对其他部门的直接消耗系数排前 5 的部门分别为饲料加工品(0.0839),专业技术服务(0.0632),渔产品(0.0563),电力、热力生产和供应(0.0460),医药制品(0.0295)。具体情况可见表 4.9。

与 2007 年的情况相比,从直接消耗系数来看,2017 年渔业部门对饲料加工品,电力、热力生产和供应,批发和零售,农、林、牧、渔专用机械等产业部门的依赖程度得到了提高,分别提高了 0.0340、0.0382、0.0309、0.0004。

其中农业与电力、热力生产和供应业部门的排名变化最为显著,分别从 2007 年的第 5 名下降至 2017 年的第 16 名,从 2007 年的第 13 名上升至 2017 年的第 4 名。这说明渔业的消耗结构正经历转型升级,其间对机械设备的投入越来越大,对电力、热力的依赖性越来越强。

（三）完全消耗分析

根据测算结果,2017 年与渔业部门存在完全消耗关系的部门共有 131 个,多于存在直接消耗关系部门的数量,这说明渔业部门和许多部门之间都存在着一定的间接后向关联。

2017 年渔业部门对其他部门的完全消耗系数位居前 5 的部门分别是饲料加工品(0.1239),电力、热力生产和供应(0.1084),煤炭开采和洗选产品(0.0777),渔产品(0.0711),专业技术服务(0.0702)。测算结果如表 4.10 所示。

与 2007 年的情况相比,2017 年的完全消耗系数变化较大的部门如下:石油和天然气开采产品,精炼石油和核燃料加工品,电力、热力生产和供应,饲料加工品等。其中,排名上升的部门有饲料加工品,电力、热力生产和供应,煤炭开采和洗选产品,道路运输等部门;排名下降的部门有农产品、钢压延产品、塑料制品、石油和天然气开采产品、金属制品、有色金属及其合金、合成材料等部门。

经过对比分析,我们可以看出,道路运输部门的完全消耗系数增幅最大,由 2007 年的第 33 位升至 2017 年的第 9 位,降幅较大的有石油和天然气开采产

表 4.9　渔业部门对其他部门的直接消耗情况

排名	2007年			2012年			2017年		
	部门名称	直接消耗系数	结构比例	部门名称	直接消耗系数	结构比例	部门名称	直接消耗系数	结构比例
1	石油及核燃料加工业	0.1274	0.2997	公共管理和社会组织	0.0947	0.2288	饲料加工品	0.0839	0.1885
2	饲料加工业	0.0499	0.1172	饲料加工品	0.0874	0.2111	专业技术服务	0.0632	0.1421
3	渔业	0.0292	0.0686	农、林、牧、渔专用机械	0.0587	0.1418	渔产品	0.0563	0.1265
4	居民服务业	0.0220	0.0518	农产品	0.0405	0.0977	电力、热力生产和供应	0.0460	0.1035
5	农业	0.0171	0.0403	农药	0.0282	0.0680	医药制品	0.0295	0.0662
6	公共管理和社会组织	0.0165	0.0387	货币金融和其他金融服务	0.0168	0.0407	批发	0.0227	0.0510
7	谷物磨制业	0.0149	0.0350	批发和零售	0.0151	0.0364	零售	0.0197	0.0442
8	银行业	0.0135	0.0318	电力、热力生产和供应	0.0104	0.0251	道路运输	0.0155	0.0348
9	批发业	0.0115	0.0271	保险	0.0091	0.0221	货币金融和其他金融服务	0.0112	0.0252
10	船舶及浮动装置制造业	0.0112	0.0262	社会保障	0.0090	0.0217	水上运输	0.0093	0.0209
11	专业技术服务业	0.0102	0.0239	塑料制品	0.0087	0.0210	船舶及相关装置	0.0089	0.0201
12	商务服务业	0.0092	0.0216				农、林、牧、渔服务产品	0.0073	0.0163
13	电力、热力的生产和供应	0.0078	0.0184				社会工作	0.0061	0.0138

续表

排名	2007年			2012年			2017年		
	部门名称	直接消耗系数	结构比例	部门名称	直接消耗系数	结构比例	部门名称	直接消耗系数	结构比例
14	家具制造业	0.0070	0.0166				农、林、牧、渔专用机械	0.0060	0.0134
15	其他食品制造业	0.0063	0.0147				金属制品	0.0048	0.0109
16	林业	0.0059	0.0139				农产品	0.0047	0.0105
17	农、林、牧、渔专用机械制造业	0.0056	0.0132				谷物磨制品	0.0047	0.0105
18	科技交流和推广服务业	0.0054	0.0128				铁路运输	0.0042	0.0094
19	其他食品加工业	0.0049	0.0116						
20	钢压延加工业	0.0047	0.0110						
21	木材加工及木、竹、藤、棕、草制品业	0.0038	0.0088						
累计			0.9030			0.9144			0.9078

表 4.10 渔业部门对其他部门的完全消耗情况

排名	2007 年			2012 年			2017 年		
	部门名称	完全消耗系数	结构比例	部门名称	完全消耗系数	结构比例	部门名称	完全消耗系数	结构比例
1	石油及核燃料加工业	0.1440	0.1367	公共管理和社会组织	0.0988	0.0953	饲料加工品	0.1239	0.1051
2	石油和天然气开采业	0.1302	0.1236	农产品	0.0979	0.0945	电力、热力生产和供应	0.1084	0.0920
3	饲料加工业	0.0583	0.0553	饲料加工品	0.0898	0.0867	煤炭开采和洗选产品	0.0777	0.0659
4	农业	0.0481	0.0457	农、林、牧、渔专用机械	0.0710	0.0685	渔产品	0.0711	0.0603
5	电力、热力的生产和供应业	0.0407	0.0386	电力、热力生产和供应	0.0474	0.0457	专业技术服务	0.0702	0.0595
6	渔业	0.0370	0.0351	农药	0.0442	0.0427	农产品	0.0510	0.0433
7	批发业	0.0300	0.0285	货币金融和其他金融服务	0.0422	0.0408	批发	0.0470	0.0399
8	钢压延加工业	0.0299	0.0284	批发和零售	0.0366	0.0353	货币金融和其他金融服务	0.0466	0.0395
9	银行业	0.0259	0.0246	基础化学原料	0.0346	0.0334	道路运输	0.0378	0.0321
10	谷物磨制业	0.0256	0.0243	钢压延产品	0.0291	0.0280	医药制品	0.0368	0.0312
11	居民服务业	0.0250	0.0237	煤炭采选产品	0.0248	0.0239	零售	0.0331	0.0281
12	金属制品业	0.0243	0.0231	塑料制品	0.0234	0.0226	基础化学原料	0.0219	0.0186
13	商务服务业	0.0193	0.0183	石油和天然气开采产品	0.0210	0.0202	船舶及相关装置	0.0204	0.0173

续表

排名	2007年			2012年			2017年		
	部门名称	完全消耗系数	结构比例	部门名称	完全消耗系数	结构比例	部门名称	完全消耗系数	结构比例
14	公共管理和社会组织	0.0181	0.0171	精炼石油和核燃料加工品	0.0199	0.0192	精炼石油和核燃料加工品	0.0189	0.0160
15	废品废料	0.0178	0.0169	金属制品	0.0185	0.0178	水上运输	0.0171	0.0145
16	造纸及纸制品业	0.0153	0.0146	保险	0.0179	0.0173	商务服务	0.0169	0.0143
17	水产品加工业	0.0149	0.0141	有色金属及其合金和铸件	0.0155	0.0149	谷物磨制品	0.0165	0.0140
18	煤炭开采和洗选业	0.0140	0.0133	肥料	0.0138	0.0134	其他运输、装卸搬运和仓储	0.0164	0.0139
19	专业技术服务业	0.0131	0.0124	废弃资源和废旧材料回收加工品	0.0137	0.0132	钢压延产品	0.0143	0.0122
20	船舶及浮动装置制造业	0.0047	0.0110	合成材料	0.0125	0.0121	金属制品	0.0139	0.0118
21	基础化学原料制造业	0.0038	0.0088	商务服务	0.0122	0.0118	房地产	0.0127	0.0108
22	家具制造业	0.0112	0.0106	道路运输	0.0106	0.0102	铁路运输	0.0122	0.0104
23	有色金属冶炼及合金制造业	0.0109	0.0103	造纸和纸制品	0.0099	0.0095	石油和天然气开采产品	0.0120	0.0102
24	塑料制品业	0.0105	0.0099	社会保障	0.0092	0.0088	航空运输	0.0109	0.0092
25	植物油加工业	0.0105	0.0099	其他通用设备	0.0090	0.0087	有色金属及其合金	0.0101	0.0086
26	合成材料制造业	0.0104	0.0099	水产加工品	0.0089	0.0086	餐饮	0.0087	0.0073

续表

排名	2007年			2012年			2017年		
	部门名称	完全消耗系数	结构比例	部门名称	完全消耗系数	结构比例	部门名称	完全消耗系数	结构比例
27	其他食品制造业	0.0101	0.0095	锅炉及原动设备	0.0086	0.0083	仪器仪表	0.0086	0.0073
28	零售业	0.0095	0.0090	居民服务	0.0082	0.0080	农、林、牧、渔服务产品	0.0085	0.0072
29	林业	0.0093	0.0088	有色金属压延加工品	0.0067	0.0064	金属制品、机械和设备修理服务	0.0078	0.0066
30	木材加工及木、竹、藤、棕、草制品业	0.0082	0.0078	装卸搬运和运输代理	0.0066	0.0064	肥料	0.0078	0.0066
31	有色金属压延加工业	0.0082	0.0078	软件和信息技术服务	0.0066	0.0063	其他制造产品	0.0076	0.0065
32	电信和其他信息传输服务业	0.0079	0.0075	社会工作	0.0063	0.0061	造纸和纸制品	0.0074	0.0063
33	道路运输业	0.0073	0.0069	专用化学产品和炸药、火工、烟火产品	0.0057	0.0055	合成材料	0.0074	0.0063
34	农、林、牧、渔专用机械制造业	0.0068	0.0065				农、林、牧、渔专用机械	0.0073	0.0062
35	其他食品加工业	0.0068	0.0064				塑料制品	0.0069	0.0058
36	科技交流和推广服务业	0.0062	0.0059				社会工作	0.0067	0.0057
37	餐饮业	0.0057	0.0054				饲料加工品	0.1239	0.1051
累计			0.8501			0.8502			0.8503

品、造纸和纸制品、精炼石油和核燃料加工品等部门,分别从2007年的第2位
降至2017年的第23位,第16位降至第32位,第1位降至第14位。具体见
表4.11。

表4.11　3次调查年度中渔业部门对部分部门的完全消耗系数排名变化情况①

部门	2017年排名	2012年排名	2007年排名	排名变化
农产品	6	2	4	↓2(0.0029)
饲料加工品	1	3	3	↑2(0.0656)
农、林、牧、渔专用机械	34	4	34	(0.0005)
电力、热力生产和供应	2	5	5	↑3(0.0677)
批发和零售	7,11	8	7,28	
钢压延产品	19	10	8	↓11(-0.0156)
煤炭开采和洗选产品	3	11	18	↑15(0.0637)
塑料制品	35	12	24	↓11(-0.0036)
石油和天然气开采产品	23	13	2	↓21(-0.1182)
精炼石油和核燃料加工品	14	14	1	↓13(-0.1251)
金属制品	20	15	12	↓8(-0.0104)
有色金属及其合金	25	17	23	↓2(-0.0008)
合成材料	33	20	26	↓7(0.0030)
道路运输	9	23	33	↑24(0.0305)
造纸和纸制品	32	26	16	↓16(-0.0079)

注:排名变化栏中"( )"内的数值,表示2次调查中完全消耗系数的变动幅度。

通过分析,可以得到如下几点结论:第一,道路运输部门的完全消耗系数
排名的迅速提升说明渔业正在扩大生产和供应范围,需要通过道路运输来满
足发展需求;第二,精炼石油和核燃料加工品、石油和天然气开采产品等能源
部门的完全消耗系数排名显著下降说明渔业对石油、天然气等能源的消耗越
来越少。

---

　① 为了开展不同年度间的横向对比,我们将渔业部门对其他部门的完全消耗系数进行排名。

第三节 | 渔业部门的波及效应分析与对策建议

产业波及是指在某一产业中,投入或产出发生变化时,影响将在行业之间的传导路径上传递。也就是说,某一产业对其他有关产业的投入产出产生影响,从而发生连锁效应。对渔业部门来说,它会对其他产业部门产生影响,这就是波及效应。(赵锐,王倩,2008)我们可以通过感应度系数和影响力系数2个指标来进行分析。

一、渔业部门的感应度分析

在投入产出分析中,以"感应度系数"来测度渔业部门对其他产业部门的感应程度,它是衡量渔业部门对其他产业部门产生的触发效应的指标。渔业部门的感应度指的是国民经济中其他产业部门增加单位最终需求时,渔业部门受此影响增加的生产量。

本部分用感应度系数的大小来衡量产业部门的感应度,计算如下:

$$S_i = \frac{\sum_{j=1}^{n} C_{ij}}{\frac{1}{n}\sum_{i=1}^{n}\sum_{j=1}^{n} C_{ij}} \quad (i,j=1,2\cdots,n) \tag{4.13}$$

其中,S_i 是指当各产业部门都增加生产一个单位的最终产品时,对某产业部门产生的需求影响程度。当 $S_i > 1$ 时,表明产业部门 i 受到的感应度大于国民经济的平均程度,反之亦然。C_{ij} 表示列昂惕夫逆矩阵 $(I - A)^{-1}$ 中的第 i 行第 j 列的系数。C_{ij} 为非负数,其中对角线上的各元素均大于1,表明了各个产业部门的完全消耗量是对自身产品和其他部门产品的消耗之和;非对角线上的各元素非负但是不一定大于1,指各产业部门在生产过程中对其他部门产品的完全消耗量。

根据式(4.13),利用2017年、2012年和2007年的投入产出数据,分别进行测算,计算结果见表4.12。

表4.12　渔业部门的感应度系数

指标	2017年		2012年		2007年	
	数值	排名	数值	排名	数值	排名
感应度系数	0.6846	60	0.6433	43	0.7858	60

根据表4.12，2017年渔业部门的感应度系数为0.6846，低于社会平均水平（1.0000），表明国民经济中社会各产业部门均增加生产1单位的最终产品时，可以拉动渔业部门增加0.6846个单位产出。

与2007年相比，2017年渔业部门的感应度系数下降了0.1012，从渔业部门的排名来看，仍维持在142个部门中的第60位。

二、渔业部门的影响力分析

渔业部门影响力是对渔业部门的改变给其他产业部门带来的影响的一种度量。影响力是一种相对值，以影响力系数作为衡量的指标。影响力系数反映了当渔业部门增加生产1单位最终产品时，其他产业部门所承受的需求波及程度，计算公式见式（4.14）。

$$T_j = \frac{\sum\limits_{j=1}^{n} C_{ij}}{\frac{1}{n}\sum\limits_{j=1}^{n}\sum\limits_{n=1}^{n} C_{ij}} \quad (i,j=1,2,\cdots,n) \tag{4.14}$$

其中，T_j表示第j部门的影响力，其他符号意义同上。

根据式（4.14），利用2017年、2012年和2007年的投入产出数据，分别进行测算，计算结果见表4.13。

表4.13　渔业部门的影响力系数

指标	2017年		2012年		2007年	
	数值	排名	数值	排名	数值	排名
影响力系数	0.7512	123	0.6565	122	0.6536	120

2017年渔业部门的影响力系数为0.7512，低于社会平均水平（1.0000），表明渔业部门每增加生产一个单位最终产品，就对国民经济中的其他产业部门产生0.7512个单位的需求。

与2007年相比，2017年的影响力系数略有提高（提高了0.0976）。从渔业部门影响力系数的排名来看，从2007年的第120位下滑至2017年的第123位。

综合来看，渔业部门的感应度系数、影响力系数均低于1.0000，这表明其他产业部门的生产活动对渔业部门的生产和渔业部门的生产需求对其他产业部门的波及影响都较低。但是，感应度系数和影响力系数在数值和排名上都较为稳定，说明渔业促进国民经济增长的水平虽然不高，但一直维持在相对稳定的状态。

三、渔业部门的生产诱发分析

在影响力分析中，只对最终需求的总量变动所产生的影响进行了分析，并没有根据最终需求内部的构成要素（如消费、投资和出口）的特点和分类，逐一分析不同要素的变动影响。因此还需要开展针对最终需求的投入产出分析，其大致可分为最终需求对部门生产的诱发程度分析与部门生产对最终需求的生产诱发依存度分析2部分。

（一）生产诱发程度

1.基本原理

生产诱发分析是一种用于定量衡量各部门的生产量与最终需求之间的关系的分析指标，其主要由生产诱发额和生产诱发系数2部分组成。

最终需求的生产诱发额，是一个产业为满足某一特定的终端需求而产生的直接消费与间接消费所需的总量。在此基础上，可以分析某项最终需求每增加一个单位，渔业部门的生产应提供多少总产出。具体计算可表示为：

$$X = (I - A)^{-1} Y \tag{4.15}$$

其中，X为最终需求对生产的诱发额向量，Y为最终需求向量，X值越大，表示最终需求对渔业部门的诱发规模越大。

生产诱发系数与生产诱发额不同，是一种相对数值。它是指最终需求的产品诱发量占所有最终需求的总诱发量的比例，公式如下：

$$Q_{ij} = \frac{X_{ij}}{\sum\limits_{i=1}^{n} X_{ij}} \tag{4.16}$$

其中，Q_{ij} 为第 j 项最终需求的生产诱发系数，X_{ij} 为最终需求对部门 i 的各项诱发额，$\sum_{i=1}^{n} X_{ij}$ 为第 j 项最终需求对各产业部门的诱发额合计。生产诱发系数越大，它的生产波及效应也越大。

生产诱发系数是对影响力系数的进一步补充，它可以反映出哪类最终需求会对产量产生影响。本部分通过对生产诱发系数的计算，揭示刺激消费、投资、出口需求对产业结构造成影响的基本方向，并对各种最终需求诱导程度的相对情况进行度量，从而选择诱导路径，为渔业生产的发展提供更加清晰的路径指引。

2. 生产诱发额分析

根据式（4.15），利用相关年度的投入产出数据，可以测算渔业部门各项需求的生产诱发额，结果可见表 4.14。

表 4.14　浙江省渔业部门各项最终需求的生产诱发额

年份	最终消费/亿元	资本形成总额/亿元	调出省外/亿元	出口/亿元
2007	281.6907	20.9845	101.7790	55.8694
2012	490.1724	20.5510	170.7422	89.1689
2017	569.2079	80.3899	746.3515	88.6134
变化幅度	↑（102.07%）	↑（283.09%）	↑（633.31%）	↑（58.61%）

数据来源：根据浙江省 2007 年、2012 年、2017 年投入产出基本流量表计算得出。

根据表 4.14 的测算结果，2017 年浙江省渔业部门的最终消费、资本形成总额、调出省外、出口的生产诱发额依次为 569.2079 亿元、80.3899 亿元、746.3515 亿元和 88.6134 亿元。

与 2007 年的测算结果相比，2017 年这 4 项最终需求的生产诱发额均呈现上升趋势。其中，调出省外的生产诱发额比 2007 年增加了 644.5725 亿元，增幅为 633.31%；资本形成总额的生产诱发额比 2007 年增加了 59.4054 亿元，增幅为 283.09%；最终消费的生产诱发额比 2007 年增加了 287.5172 亿元，增幅为 102.07%。

通过上述分析可以看出，调出省外对渔业部门生产的影响最大，其影响大于资本形成总额、最终消费及出口对渔业部门生产的影响总和；在各项需求中,资本形成总额诱发的产量是最小的。这表明,在浙江省各拉动因子中,外调所占的比例最大,内调所占的比例最低。

3.生产诱发系数分析

根据式(4.16),利用相关年度的投入产出基本流量表,可以测算渔业部门的生产诱发额、生产诱发系数(见表4.15)。

根据表4.15,2017年浙江省渔业部门的最终消费、资本形成总额、调出省外、出口的生产诱发系数依次为0.0228、0.0025、0.0178和0.0041。2017年,在全部国民经济部门中,渔业部门的以上4项的系数分别居第31、105、46和97位。测算结果表明,每增加1单位的最终消费、资本形成总额、调出省外和出口,渔业部门将分别增加0.0228、0.0025、0.0178和0.0041单位的产出。

表4.15　浙江省渔业部门各项最终需求的生产诱发系数

系数	2017年		2012年		2007年	
	系数值	部门排名	系数值	部门排名	系数值	部门排名
最终消费	0.0228	31	0.0118	27	0.0136	26
资本形成总额	0.0025	105	0.0004	108	0.0007	98
调出省外	0.0178	46	0.0026	75	0.0028	62
出口	0.0041	97	0.0017	77	0.0016	76

数据来源:根据浙江省2007年、2012年和2017年投入产出基本流量表计算得出。

与2007年的测算结果相比,2017年的最终消费、资本形成总额、调出省外和出口的生产诱发系数均提升了,分别上升了0.0092、0.0018、0.0150和0.0025。从渔业部门在全部行业中的位置来看,调出省外的生产诱发系数排名上升16位,最终消费、资本形成总额、出口的生产诱发系数排名则分别下降了5位、7位和21位。

由以上分析可得,浙江省渔业部门最终消费的生产诱发系数最大,最低的是资本形成总额。也就是说,在诱发经济增长的因素中,最终消费的诱发力量最大,资本形成总额的诱发力量最小。这基本上反映了近年来,渔业固定资产投资不景气的现状,也说明了浙江省渔业对经济增长的直接的诱发力量较弱。

（二）最终需求的依存度分析

各部门生产对某项最终需求的生产诱发依存度的计算见式（4.17）：

$$R_{ij} = \frac{X_{ij}}{N_i} \qquad (4.17)$$

其中，R_{ij}为生产诱发依存度，X_{ij}为最终需求对部门i的各项诱发额，N_i为部门i的总产值。R_{ij}值越大，表明该项最终需求的生产诱发额对产业总产值的贡献越大。一般把对某项最终需求的生产诱发依存度大于50%的产业称为依赖某项需求型产业。

根据式（4.17），对浙江省渔业部门2007年、2012年和2017年的各项最终需求的生产诱发依存度进行计算，结果如表4.16所示。

表4.16 浙江省渔业部门各项最终需求的生产诱发依存度

年份	最终消费	资本形成总额	调出省外	出口
2017	0.5125	0.0724	0.6720	0.0798
2012	0.7134	0.0299	0.2485	0.1298
2007	0.7599	0.0566	0.2746	0.1507
变化方向	↓（32.56%）	↑（27.92%）	↑（144.72%）	↓（47.05%）

数据来源：根据浙江省2007年、2012年和2017年投入产出基本流量表计算得出。

由表4.16可知，2017年浙江省渔业部门的最终消费、资本形成总额、调出省外和出口的生产诱发依存度依次为0.5125、0.0724、0.6720和0.0798；相对于2007年的测算结果，最终消费和出口的生产诱发依存度依次下降了0.2474和0.0709，降幅分别达到了32.56%和47.05%，资本形成总额和调出省外的生产诱发依存度分别上升了0.0158和0.3974，增幅分别达到了27.92%和144.72%。除了调出省外的生产诱发依存度增幅较大，其余最终需求的生产诱发依存度的变化都较小。

具体来看，2017年浙江省渔业部门的调出省外的生产诱发依存度相当高，接近70%，最终消费的生产诱发依存度次之，超过50%，表明渔业属于依赖消费需求型产业；渔业部门的资本形成总额和出口的生产诱发依存度较低，仅为7%左右。综上，可以认为浙江省渔业是对调出省外和最终消费双依赖的产业。

第四节 ┃ 结论与启示

本章以2007年、2012年、2017年这3年为调查年度开展纵向比较,以产业关联、波及效应等理论为基础,以投入产出分析为主要手段,量化分析各产业部门之间的投入(使用)结构、产业关联和波及效应及产量形成机制,提出以下结论和启示。

一、本章结论

第一,根据最初投入分析,渔业劳动密集型产业的特点十分明显,产业盈利能力较低,属于补贴型行业。其中,2017年渔业部门的劳动力报酬系数高于平均水平,且有提高的趋势,表明浙江省渔业劳动力密集型特点显著;生产税净额系数为负,且低于平均水平,表明渔业的利税能力和对税收贡献水平较低,生产补贴很高。固定资产折旧系数略高于平均水平,表明对渔业的物质和技术装备投入也有待加大。营业盈余系数为0,表明渔业企业的营业能力需要大大提高。

第二,根据中间投入率和中间需求率的测算,渔业部门表现出"高附加值、低带动能力"的最终需求型基础产业的特征。其中,渔业部门的中间投入率小于50%,低于平均水平,属于低投入型部门,可知渔业对上游产业的带动能力有很大的提升空间。中间需求率由高于平均水平变为低于平均水平,下降了0.2241,可见其产品作为其他部门所需原材料的规模变小了。2017年,在产业类型上,渔业部门发生了转变,由2007年的中间产品型基础产业转变为最终需求型基础产业,成为偏向于提供生活资料的产业部门。

第三,通过对渔业部门与其他国民经济行业部门的关联分析,可以发现,渔业部门在水产品加工、其他食品等初级加工领域的前向关联较强,并且渔业部门的前向关联程度远大于后向关联程度。浙江省渔业部门的前向关联产业主要为水产加工业、餐饮业、其他食品、饲料加工品等,后向关联产业主要为饲料加工品,电力、热力生产和供应,煤炭采选产品、农产品等,其中渔业部门对道路运输部门的消耗程度越来越高,而对石油和天然气等能源产品的消耗程度在降低。排名前几的产业部门的前向关联程度远大于后向关联程度,说明渔业部门对其他部门的供给远大于对其他部门的需求。

第四,通过对波及效应的测算,可以发现,浙江省渔业部门的感应度系数和影响力系数排名均比较靠后,尤其是影响力系数亟待提升。这就说明,渔业本身的生产对其他部门所产生的波及影响程度低于各部门所产生的波及影响的平均值。2017年渔业部门的感应度系数为0.6846,在142个部门中居第60位,影响力系数为0.7512,居第123位,因此渔业还有很大的发展空间。

第五,根据生产诱发分析,渔业部门对经济增长的直接诱发能力较弱,表现出对最终消费和调出省外的双依赖型产业特征。其中,2017年渔业部门各项最终需求的生产诱发系数排名分别为第31、105、46和97位,有2项排名都比较靠后,表明渔业对经济增长的直接诱发能力较弱。2017年,调出省外的生产诱发系数、最终消费的生产诱发系数均较大,资本形成总额和出口2项的生产诱发系数均较小,表明在经济增长的各项诱发因素中,最终消费和调出省外的诱发力量较大,资本形成总额和出口的诱发力量较小。2017年,渔业部门的调出省外的生产诱发依存度达到了60%以上,最终消费达到50%以上,可以认为浙江省渔业是对调出省外和最终消费双依赖的产业。

二、政策启示

根据上文对浙江省渔业与其他国民经济行业部门的投入(使用)结构、产业关联、波及效应与生产诱发情况进行定量测算的结果,得到以下启示:

一是要加大渔业资源保护力度,保持渔业的可持续发展。政府应该大力提倡并改进伏季休渔制度(延长时间、扩大作业范围、错时休渔),并率先实施伏季休渔制度;加强对海洋渔业资源的保护,建立水产种质资源保护区;加大渔业资源增殖放流力度;等等。(刘晓晨,2023)

与此同时,在消费结构不断优化的情况下,应该努力建立一个多层次、多功能、有国际竞争力的休闲渔业品牌,并将海洋游钓业、海洋观光旅游业、绿色生态渔业等作为重点发展对象。这就需要国家增加对渔业部门资本、科技和现代化装备的投资,尤其是在滨海旅游、海洋生物医药、海洋科教文化等领域,以此来提升渔业生产的劳动生产率,让渔业从单纯的劳动密集型向资本和技术密集型转型。要根据劳动密集型产业人才需求现状,制订相适应的人才引进计划,以满足渔业企业对各类优秀人才的需要。

除此之外,还需要加强渔业的基础设施建设,以发展"节能、高效、生态、精准"的渔业为目标,加速构建渔业安全化、信息化和数字化的管理体系。这将有助于提升渔业企业的经营效益,提高其营运利润,并提高其对税收的贡献水平。

二是要促进渔业上下游产业协调发展。浙江省渔业企业应当制定与其上下游企业保持和协调共同发展的产业方针政策,保证各项产业链之间的顺畅,减少产业链之间的障碍,以便更好地发挥渔业与其他产业间的推动与拉动作用。利用渔业部门在生产过程中与其他产业部门直接或间接产生的关联,以及渔业发展的多样化,增强渔业对其上游产业的带动作用。但是不难发现,渔业与其上下游产业在类型上并不一致,因此在制定政策时,应当针对不同的产业制定不同的政策。(赵昕,雷亮,彭楠等,2019)

三是要建立产业技术创新机制。从浙江省渔业部门感应度系数与影响力系数较低这一实际出发,政府通过构建以企业为主体与以市场为导向的产学研融合型产业技术创新体系,突破"卡脖子"的技术瓶颈,培育具有自主知识产权的水产加工企业集群(现代加工园区),推动该行业的产业转型升级。这能提高水产品出口的竞争水平,从而提高渔业对需求的感应度及影响力。

四是要加大财政支持,引导民间资本流入,刺激消费和出口。通过文献查阅了解到浙江省渔业的一些小微企业由于资金的缺乏、技术的不成熟,不得不面临着被市场淘汰的下场。针对渔业产业链的特点,政府应该从多个角度制定支持政策。政府可以鼓励研发和创新,引导消费,促进新型业态的发展。此外,政府还可以研究制定一些地方性税收支持政策,以减轻渔业相关企业的税收压力,并引导优质资源的合理配置和流入。在建设产业升级支持体系方面,政府应重点加强渔业公共服务体系建设。这包括进一步完善渔业技术推广、疫病防控和水产品质量监管等多样化服务,并将其整合到基层渔业公共服务机构中,为渔业企业的发展创造良好的市场环境,保证公平竞争。另外,政府可以根据实际情况出台有利于渔业升级的财税政策。在改善融资环境方面,针对渔业企业装备改造和升级所需的短期集中资金需求,政府可以采取过渡性政策,鼓励金融机构提供定向支持。同时,还可以鼓励发展融资租赁类金融机构,并在必要时由行业协会等机构提供担保。这将有助于改善融资环境,支持渔业的发展升级。

政府还应该鼓励民间资本向渔业流动,尤其是要培育面向渔业小微企业的小型金融机构,对民间资本进行合理的引导,充分发挥市场配置资源的基础性作用。这在保护渔业中的小微企业的同时,也能增加资金的流动性,使人民群众得到更高的收入,从而在一定程度上促进消费,进而促进经济的增长。

另外,政府应该加大对渔业产品的外贸投入,并对加工出口的企业提供政策支持,还可以通过贷款贴息和提高水产品出口退税率等措施来促进出口。

第五章

浙江省渔业碳排放效率测算

我国作为海洋大国,面对节能减排的号召,更应转变原有的"高耗能、高污染"发展模式,积极发展碳汇渔业,如发展多层次、多营养级的贝藻类混养的海水养殖业,充分发挥海洋生态系统的节能减排潜力,为我国"双碳"目标任务的实现添砖加瓦。浙江省作为我国的渔业大省,拥有26万平方千米的海域面积,大力开发和利用海洋资源,给沿海地区带来可观的经济效益的同时,也因传统渔业的过度捕捞、粗放发展,出现了渔业资源衰退、海洋环境污染等问题。"十四五"期间,浙江省碳减排治理进入改革深水期,如何高效进行碳排放治理成为各界关注的热点。据此,开展浙江省渔业碳排放评估研究,构建高分辨、精准化的渔业碳排放效率测算方法,将有助于准确把握渔业生产对气候变化所造成的影响,这对遏制全球变暖进程、制订渔业碳排放控制措施及保护海洋生态环境等具有重要的指导意义,同时为中国实现"碳达峰""碳中和"等目标提供渔业领域的量化参考依据。

第一节 | 渔业碳排放的边界

近年来,在国际现代化渔业发展的背景下,走"低碳发展"路线是实现我国渔业现代化的现实选择,也是实现中国特色渔业现代化的有效途径。本节将对低碳渔业相关概念进行界定,并对渔业碳排放效率测算方法进行阐述。

一、相关内涵界定

(一)低碳渔业概念

低碳渔业是低能耗、低污染、低排放的效益型、节约型和安全型渔业,是通过采取可持续的措施和技术,以最少的投入获得最大产出的效益型渔业,是采用各种措施将渔业产前、产中、产后过程中可能对经济、社会和生态造成的不良影响降到最低程度的安全型渔业。(张显良,2011;肖乐,刘禹松,2010;岳冬冬,王鲁民,2012)发展低碳渔业的目的是实现渔业活动的可持续性,减少对环境的损害,并为渔民和利益相关者创造经济效益和社会效益。发展低碳渔业是现代化建设及可持续发展的需要,是应对全球气候变化的迫切需要,是国家

战略的迫切需要,同时也是我国现代渔业发展的迫切需要。(林光纪,2010;Liu,Xu,Ge et al.,2023)

相对于传统渔业而言,低碳渔业具有以下2种特征:一是运用低耗能、低污染、低排放的技术来改造渔业的现代化模式;二是在渔业生产活动中,通过水中的浮游植物和藻类等生物的碳汇功能来实现生物固碳。因此,低碳渔业可以定义为,通过水中生物直接或间接发挥自身碳汇功能,同时借助低碳技术、低碳管理方式和低碳设备来进行低碳化改造的现代渔业。

(二)渔业碳排放

渔业碳排放是指在进行渔业的生产活动中饲料、能源的消耗及各类养殖业的废弃物处理等过程中直接或者间接产生的气体,主要指二氧化碳。(张祝利,王玮,何雅萍,2010; Chen,Di,Hou et al.,2022)当前,渔业是我国农业重要的组成部分,主要具有两重属性——“碳汇”和“碳源”。(田鹏,汪浩瀚,李加林等,2023)“碳汇”的概念首次由中国工程院院士唐启升于2011年提出,即通过渔业生产活动促进水生生物吸附水体中的二氧化碳,主要是促进“贝类”和“藻类”通过它们自身的繁殖过程,直接或者间接地利用大量的水中的二氧化碳,进而提高渔业生态系统吸收碳的能力。“碳源”主要是指碳排放的来源,《联合国气候变化框架公约》[①]中“源”的定义是温室气体向大气排放的过程或活动。结合渔业(捕捞业、养殖业等)生产活动的特点可知,捕捞、养殖渔船的能源消耗等都是碳排放的主要来源。

(三)渔业碳排放效率

目前,学术界对于渔业碳排放效率还没有形成统一的定义,大多数学者认为渔业碳排放效率的提高是指在排放较少的二氧化碳的同时能够取得较高的经济效益(Liu,Xu,Ge et al.,2023)。不少学者将碳排放、经济发展和能源消耗三者有机结合起来,提出一系列的评价碳排放效率的指标。(李晨,冯伟,邵桂兰,2018;曾冰,2019;汪克亮,袁鸿宇,2022)渔业碳排放效率的提高意味着在渔业生产过程中减少了碳排放的同时提高了资源利用效率。通过采用节能技术、优化捕捞和养殖方式、改进加工和储存过程等措施,可以降低每单位产

① 可参阅:《联合国气候变化框架公约》,1992年5月9日,https://www.un.org/zh/aboutun/structure/un-fccc/。

出的碳排放量,实现渔业的可持续发展和低碳化转型。因此,本节所说的渔业碳排放效率以渔业碳排放作为非期望产出为重点,即在渔业生产活动中,通过控制劳动力、土地、资本等资源的消耗,并尽可能减少渔业生产过程中的碳排放,以获得优质的水产品,进而实现经济和环境的双重效益。

二、渔业碳排放效率的计算方法

目前国内外学者关于渔业碳排放效率的研究主要集中在测算方法和影响因素2个方面。在渔业碳排放效率的测算上,学者们主要采用碳排放量占GDP的比重、GNP与碳排放总量的比值、单位碳排放量、能源消费的碳排放量等单一指标。(许冬兰,王樱洁,2015)比如,岳冬冬、王鲁民和王茜(2013)利用温室气体排放量与渔业产量的比值评估我国各地区渔业的效率,并且提出加强对刺网作业的管理,从而逐步提高生态效益。但是单一指标无法全面反映碳排放的效率且易受到经济波动的影响,存在衡量角度单一、反映内容片面、不同指标之间结果差异大等问题。

因此,部分学者开始探索利用综合指标法研究渔业碳排放效率问题(Gao et al., 2022;Tone, 2011;郑慧,代亚楠,2019),常用的方法有SFA法和DEA法等。国外学者Tone(2001)提出用非径向、非角度的SBM(Slacks-Based Measure)模型来衡量渔业生产效率。此后,越来越多学者关注到渔业效率测算问题,国内学者李晨、冯伟和邵桂兰(2018)率先运用非期望产出超效率SBM模型,基于渔业劳动力、资本存量和能源的投入,对渔业全要素碳排放效率的时空差异和演变特征进行分析。此后,超效率SBM模型逐渐成为测算渔业碳排放效率的重要方法,但在投入指标的选择上存在差异。同时,学者们在测算效率的基础上对其时空演变和影响因素也进行了更深入的探究。曾冰(2019)结合长江经济带11个省(市)的面板数据,运用超效率SBM模型测算渔业碳排放效率,使用探索性空间数据分析(Exploring Spatial Data Analysis,ESDA)法解析了渔业碳排放效率时空格局演变情况。张荧楠(2021)在使用超效率SBM模型对渔业碳排放效率进行测算的基础上进一步探讨了渔业产业结构对于海洋渔业碳排放效率的影响。汪克亮和袁鸿宇(2022)运用包含非期望产出的超效率SBM模型对中国渔业碳排放效率进行测算,并在此基础上验证命令型、市场型和自愿型环境规制对渔业碳排放效率的影响。

综观国内外的研究成果,关于渔业碳排放效率的测算,学者们多使用单一指标,仅有少部分学者构建了投入产出指标体系,使用超效率SBM模型进行测算,但在渔业碳排放指标体系的权重确定及效率评估等方面缺乏较为深入、系统的研究。现阶段,在"双碳"目标下,对渔业碳排放效率的测算和评估的研究是非常有必要的,这能够为实现海洋渔业高质量发展提供决策参考。

第二节 | 渔业碳排放量估算

为进一步促进渔业生态文明发展,本节在相关概念的基础上,通过确定渔业碳排放源进一步测度浙江省渔业碳排放量,从而了解浙江省渔业碳排放状况;同时,还将浙江省渔业碳排放情况与我国沿海省区市进行对比,以分析浙江省碳减排水平。

一、渔业碳排放源的确定

渔业碳排放分为狭义和广义2种类型,狭义的渔业碳排放指渔业生产造成的直接和间接的碳排放,而广义的渔业碳排放指直接和间接产生的碳排放量扣除渔业碳汇固碳量后的净碳排放量。

渔业的碳排放源来自捕捞、养殖和水产品加工3个行业,主要包括能源燃烧产生的直接碳排出和使用电力导致的间接碳排出。(张祝利,王玮,何雅萍,2010)具体来讲,捕捞业碳排放为捕捞渔船在进行捕捞活动时燃烧燃料驱动船舶而产生的直接碳排放。养殖业碳排放量包括2个部分,一是养殖渔船消耗柴油等化石能源时产生的直接碳排放,二是使用渔业设备,包括工厂和池塘养殖中电泵、供氧系统和投喂机具等消耗电力而造成的间接碳排放。水产品加工业碳排放量,主要是由海水产品冷冻、海水鱼糜制品及干制品加工、饲料鱼加工等生产环节消耗电力而造成的间接碳排放。

捕捞和养殖渔船对柴油等化石能源的消耗决定了渔业的直接碳排放量,渔业的各个生产环节对电力的消耗决定了渔业的间接碳排放量。查阅文献可得,渔业生产的能耗主要来自机动渔船,而我国的机动渔船主要分为捕捞和养殖2种类型。根据农业部渔业装备与工程重点开放实验室和中国水产科学研究院渔业机械仪器研究所在2006年联合完成的《我国渔业节能减排基本情况研究报告》,在捕捞、养殖和水产品加工3个行业中,捕捞业的能耗约占渔业总能耗的70%。

二、渔业碳排放量的估算

本节参照张祝利、王玮和何雅萍(2010)及李晨、冯伟和邵桂兰(2018)计算二氧化碳排放量的方法,对渔业产生的碳排放量进行估算,计算公式如下:

$$C_{燃油} = \left(P_{燃油}/0.7 \right) \alpha \lambda \eta \mu \tag{5.1}$$

其中,$C_{燃油}$表示渔业碳源量,$P_{燃油}$为捕捞业渔船的燃油消耗量,都以吨为单位。α是燃油折标准煤系数,为1.4571;λ是有效氧化分数,为0.982;η为每吨标煤含碳量,为0.73257;μ为在获得相同热能的情况下,燃油排放二氧化碳与燃煤排放二氧化碳的比值,为常数0.813。

$$C_{CO_2} = C_{燃油} \sigma \tag{5.2}$$

其中,C_{CO_2}表示渔业二氧化碳排放量,σ为碳换算二氧化碳常数,为3.67(以CO_2的碳含量27.27%计算得到)。

本节对于$P_{燃油}$的计算,主要基于捕捞渔船的不同作业方式。本节根据农业部办公厅印发的《国内机动渔船油价补助用油量测算参考标准》[①],估计出海洋捕捞渔船的燃油消耗量具体系数(见表5.1),计算公式如下:

$$P_{燃油} = \sum_{i=1}^{6} P_i K_i \tag{5.3}$$

其中,P_i表示在第i种作业方式下渔船的功率,K_i表示在第i种作业方式下渔船的燃油消耗量具体系数。

---

① 可参阅:《国内机动渔船油价补助用油量测算参考标准》,2010年1月6日,http://www.moa.gov.cn/govpublic/YYJ/201006/t20100606_1538704.htm。

表 5.1 　捕捞渔船基于不同作业方式的燃油消耗量系数表

作业方式	拖网	围网	刺网	张网	钓具	其他
系数 /($t \cdot kw^{-1}$)	0.480	0.492	0.451	0.328	0.328	0.312

三、渔业碳排放的时空特征分析

浙江省渔业碳排放的时序特征见图 5.1。由图可知,2004—2021 年,浙江省渔业碳排放量呈先增长后下降,又波动增长再波动下降趋势,整体呈现"M"形特征。2021 年浙江省渔业碳排放量为 179.9 万吨,相比 2004 年减少了 2.18%。

第一阶段:2004—2006 年,浙江省渔业碳排放量增长了 11.3 万吨,增速为 6.14%,增速较快。2006 年以前渔船以传统的木质渔船为主,设备老旧,燃油消耗量大,碳排放量逐年增加,一直增加到 2006 年的 195.2 万吨。在此之后,农业部发布了《全国渔业发展第十一个五年规划(2006—2010 年)》,该文件明确指出:调整渔业产业结构,到 2020 年海洋捕捞机动功率数控制在 1143 万千瓦以内,推进资源、环境和生产要素的优化配置,大力发展资源节约型、环境友好型渔业,构建渔业发展和资源环境的和谐关系,实现渔业的可持续发展。

第二阶段:2007—2014 年,浙江省渔业碳排放量呈现缓慢下降—波动增长阶段特征。其中,2014 年达 2004—2021 年来的顶峰,碳排放量为 195.3 万吨,说明渔业对环境造成的压力逐年增加,虽然政府颁布了一系列关于环境减排法律法规,但实施力度还较小,仍需进一步落实,以控制碳排放量,实现渔业发展低碳化。

第三阶段:2015—2021 年,浙江省渔业碳排放量呈现缓慢下降阶段特征,主要由于 2016 年是渔业第三个发展规划的起始之年,重点要求坚持生态优先,推进绿色发展,妥善处理好生产发展与生态保护的关系,将发展重心由注重数量增长转到提高质量和效益上来,以渔业可持续发展为前提。

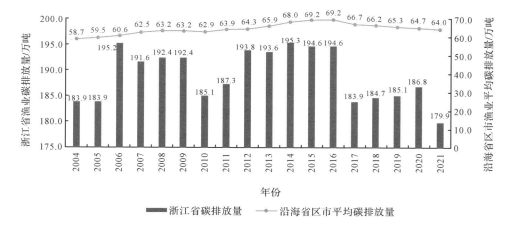

图5.1　碳排放总量图（2004—2021年）

为开展横向比较,探究浙江省的渔业碳排放特征,为今后低碳渔业发展提供针对性的指导意见,本部分测算了2004—2021年沿海不同省区市的渔业碳排放量,沿海省区市渔业平均碳排放量变化情况如图5.1。由图可知,在2004—2021年,浙江省的渔业碳排放量远远超过沿海省区市平均碳排放量。渔业是现代农业和海洋经济的重要组成部分,浙江省作为海洋大省、渔业大省,大力发展海洋经济、渔业经济。但是在促进经济增长的同时,过度捕捞等行为严重影响了渔业的生态环境,导致环境污染严重,进而碳排放量远远超过沿海地区的平均排放量。

第三节 ｜ 浙江省渔业碳排放效率评价

由上节可知,浙江省渔业碳排放量较高,为进一步探究浙江省渔业碳排放效率,我们采用MCDM-WSSBM模型等,从静态和动态2个方面分析和测算浙江省渔业碳排放效率的现状。

一、评价模型

1.MCDM-WSSBM 模型

DEA法能够明确地考虑多种投入的运用和多种产出的获得,相较于一般的评价方法更具综合性,更值得信赖(王建华,肖勇明,2023),而在低碳经济下,渔业碳排放效率测算体系包含了碳排放负向指标,同时为了解决传统模型下有效决策单元不可比的问题,以提高决策单元之间渔业碳排放效率的区分度,本部分将DEA模型进一步演化为Super Slack-Based Model(SSBM)模型,其在测算渔业碳排放效率时更具优良性。另外,就渔业碳排放效率测算的现实性而言,采取合适的指标赋权方法至关重要。相较于简单的主观赋权法,客观赋权法从根本上避免了人为因素的主观影响,能够使得对渔业碳排放效率的测算更具客观性、准确性。但如熵权法、变异系数法等被广泛使用的客观赋权法,均是根据数据提供的信息的多少来决定指标重要程度的,极易受到数据本身质量影响,由其得到的权重是否具有最优性不得而知。而多准则决策(Multiple Criteria Decision Making, MCDM)模型能够很好地解决此类问题,该模型由群体中多个具有不同偏好的决策者做出选择决策,并不断达成共识,选出最优决策,同时在对复杂决策问题进行处理时,能够兼顾多人意见并且解决群体间的利益冲突,测算决策单元的最优、最劣权重,通过线性组合得到的最终权重更具代表性、全面性。(Maghrabie,2019)因此,本部门将MCDM模型与SSBM模型结合得到测算渔业碳排放效率的最终模型,即MCDM-Weighted SS-BM(MCDM-WSSBM)模型。

第一,采用MCDM模型测算指标权重。基本步骤如下:

步骤1:指标归一化。

为了消除指标间不同单位的影响,先要对所收集的数据进行标准化处理。考虑到非期望产出超效率SBM模型中,要求指标数据不为零的限制,我们采用如下改进的线性归一化公式,将数据标准化在0.1—1的区间内:

$$X_{ij}^* = 0.1 + 0.9 \times \frac{X_{ij} - X_{i,\min}}{X_{i,\max} - X_{i,\min}} \tag{5.4}$$

其中,X_{ij}表示第j个决策单元的第i个指标,$X_{i,\max}$和$X_{i,\min}$分别表示第i个指标的最大值和最小值。

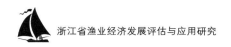

步骤2：根据MCDM-DEA模型得到指标权重。

假设N个决策单元有m个评价指标$(m = 1,2,\cdots,M)$，其中X_{im}表示第i个决策单元第m个指标的标准化值，K为决策变量，具体模型如下：

$\min K$

$\text{S.T } K \geq \max(d_i), \forall i$

$$\sum_{m=1}^{M} w_m^1 x_{im} + d_i = 1 \ (i = 1,\cdots,N) \tag{5.5}$$

$$\sum_{m=1}^{M} w_m^1 = 1$$

$$w_m^1 \geq \varepsilon, \forall m$$

其中，d_i表示第i个决策单元的松弛值，w_m^1表示第m个指标的权重值。对于根据式（5.5）计算得到的权重值，使松弛值的上界尽可能小，指标权重值的下界尽可能大，以此使得各决策单元绩效表现最优化。根据可能的"最佳"权重（上界）的计算公式，可能的"最劣"权重（下界）的计算公式如下：

$\max K$

$\text{S.T } K \geq \min(d_i), \forall i$

$$\sum_{m=1}^{M} w_m^2 x_{im} + d_i = 1 \ (i = 1,\cdots,N) \tag{5.6}$$

$$\sum_{m=1}^{M} w_m^2 = 1, \forall i$$

$$w_m^2 \geq \varepsilon, \forall m$$

其中，w_m^2表示第m个指标的权重，与式（5.5）不同的是，式（5.6）将松弛值的下界最大化，使得指标权重和上界达到最小，即得到一组权重值，使得所有决策单元的绩效表现最差。"最劣"权重可以看作各指标权重值的下界。与式（5.5）一样，式（5.6）中的"最劣"权重可以对信息进行补充。不失一般性，将通过式（5.5）和式（5.6）得到的权重值进行线性组合，可得最终的权重。

$$w_m = \alpha w_m^1 + (1 - \alpha) w_m^2 \tag{5.7}$$

其中，参数α的值取决于决策者的偏好，即决策者在最优和最差之间进行选择。在没有任何先验信息的情况下，我们假设$\alpha=0.5$。

第二，构建WSSBM模型，并将其与MCDM模型结合。

$$\min\rho = \cfrac{1 + \cfrac{1}{\sum\limits_1^m W_i^-}\sum\limits_1^m W_i^- S_i^- / x_{ik}}{1 - \cfrac{1}{\sum\limits_1^{q_1} W_r^+ + \sum\limits_1^{q_2} W_t^b}\left(\sum\limits_{r=1}^{q_1} W_r^+ + S_r^+ / y_{rk} + \sum\limits_{t=1}^{q_2} W_t^b S_t^b / b_{tk}\right)}$$

$$\text{S.T} \sum_{j=1, j \neq k}^n x_{ij}\lambda_j - s_i^- \leqslant x_{ik} \quad (i = 1,2,\cdots,m)$$

$$\sum_{j=1, j \neq k}^n y_{rj}\lambda_j + s_r^+ \geqslant y_{rk} \quad \left(r = 1,2,\cdots,q_1\right) \qquad (5.8)$$

$$\sum_{j=1, j \neq k}^n b_{tj}\lambda_j - s_t^b \leqslant b_{tk} \quad \left(i = 1,2,\cdots,q_2\right)$$

$$s_i^- \geqslant 0, s_r^+ \geqslant 0, s_t^b \geqslant 0, \lambda_j \geqslant 0, W_i^- \geqslant 0, W_r^+ \geqslant 0, W_t^b \geqslant 0$$

其中,假设共有 n 个独立的决策单元 $DMU_j(j = 1,2,\cdots,n)$,每个决策单元用 m 种资源(投入)$\left(\boldsymbol{x}_j = \left(x_{1j}, x_{2j}, \cdots x_{mj}\right)^{\mathrm{T}}\right)$ 生产 q_1 种产品(期望产出)$\left(\boldsymbol{y}_j = \left(y_{1j}, y_{2j}, \cdots y_{q_1 j}\right)^{\mathrm{T}}\right)$,排放 q_2 种污染物(非期望产出)$\left(\boldsymbol{b}_j = \left(b_{1j}, b_{2j}, \cdots b_{q_2 j}\right)^{\mathrm{T}}\right)$。另外,$W_i$、$W_r$、$W_t$ 分别为投入、产出和非期望产出的权重。由式(5.7)得出,本部分旨在区别指标间的相对重要性,因此分别将期望产出指标和非期望产出指标的权重归一化,其间设定投入、期望产出和非期望产出每个维度的权重和为1。

2.Global Malmquist–Luenberger(GML)指数

Malmquist TFP指数经常被用来分析生产率的变动情况,包括技术进步和技术效率对生产率变动所起到的作用。(Chen,Zhang,Miao,2023)Chung et al. (1997)将包含坏产出的方向距离函数应用于 Malmquist 模型,并将得出的 Malmquist 指数称为 Malmquist–Luenberger 生产率指数。本节之所以选择全局参比 Malmquist 指数,主要基于以下4点:全局参比 Mamquist 模型各期参考的是同一前沿面,计算得出的是单一 Malmquist 指数;效率变化的计算仍采用各自的前沿面,得出的各期的效率值具有可比性;被评价决策单元肯定包含在全局参考集内,故不存在 VRS 模型无可行解问题;各期参考的是共同的全局前沿面,具有传递性,可累乘。定义 t 期到($t+1$)期的 GML 指数为:

$$GML\left(x^{t+1}, y^{t+1}, b^{t+1}, x^t, y^t, b^t\right) = \frac{E\left(x^{t+1}, y^{t+1}, b^{t+1}\right)}{E\left(x^t, y^t, b^t\right)}$$

$$= \frac{E^{t+1}\left(x^{t+1}, y^{t+1}, b^{t+1}\right)}{E^t\left(x^t, y^t, b^t\right)} \left(\frac{E\left(x^{t+1}, y^{t+1}, b^{t+1}\right)}{E^{t+1}\left(x^{t+1}, y^{t+1}, b^{t+1}\right)} \frac{E^t\left(x^t, y^t, b^t\right)}{E\left(x^t, y^t, b^t\right)}\right) \qquad (5.9)$$

$$= EC \times TC$$

式(5.9)中,*GML* 表示决策单元的投入产出效率,*EC* 表示决策单元的技术效率变化,*TC* 表示决策单元的技术进步变化。*GML*、*EC*、*TC* 大于(小于)1,分别表示投入产出效率提高(下降)、技术效率提高(下降)、技术进步提高(下降)。通过分析 GML 指数及其分解项,可以观测浙江省渔业碳排放效率变化趋势及影响因素变动情况,进一步为浙江省渔业的低碳绿色发展提供改善方案。

二、指标体系构建与数据来源

指标的选取应该注意科学性、系统性、可行性、可比性原则,涉及渔业系统中自然、经济、社会的各个方面。本节以低碳渔业思想为指导,以 MCDM−WSS−BM 模型为基础,构建渔业碳排放投入—产出评价指标体系。投入要素是指在生产过程中被用来创造商品或者服务的资源要素。根据西方经济学观点,投入要素包括劳动投入、土地投入、资本投入和企业家精神,但企业家精神在渔业行业难以衡量,因此,本部分选取渔业从业人员数量、水产技术推广机构经费、水产养殖面积为投入指标。产出要素是指在生产过程中所实现的结果或者得到的产物,包括期望产出和非期望产出,本节以渔业经济总产值为期望产出指标,渔业碳排放量为非期望产出指标。

劳动投入:劳动投入是指在生产过程中,劳动力所提供的工作和劳动,是渔业生产环节必不可少的要素。因此,本节选择渔业从业人员数量作为劳动力投入指标。

资本投入:渔业资本投入是指在渔业生产过程中用于投资渔业设备、技术等方面的资金。水产技术推广机构经费是指用于推广和普及水产养殖、捕捞和相关水产技术的资金,能够推动渔业的可持续发展,是渔业资本投入中必不可少的一部分。因此,本节选取水产技术推广机构经费作为资本投入指标。

土地投入:土地投入在渔业中主要指用于水产养殖、渔业加工和相关活动的土地资源。因此,本节选取水产养殖面积作为土地投入指标。

期望产出:期望产出是指在生产过程中有意识地追求和计划的预期结果。渔业经济总产值是衡量渔业经济贡献和发展水平的主要指标,因此,本节选取渔业经济总产值作为期望产出指标。

非期望产出:非期望产出是指在渔业生产过程中产生的对环境有不利影响的产出。一般学者在进行研究时多以渔业碳排放作为非期望产出,因此,本部分选取渔业碳排放量作为非期望产出指标。具体指标及其说明见表5.2。

表5.2 渔业碳排放评价指标体系

系统	指标	指标说明	参考文献	数据来源
投入系统	劳动投入	渔业从业人员数量	(张樨樨、郑珊、余粮红,2020;张荧楠,2021;许冬兰,王樱洁,2015)	《中国渔业统计年鉴》相关年份统计数据
	资本投入	水产技术推广机构经费		
	土地投入	水产养殖面积		
产出系统	期望产出	渔业经济总产值		
	非期望产出	渔业碳排放量		

三、渔业碳排放效率评价分析

(一)渔业碳排放效率静态评价分析

本节利用2004—2021年相关数据,运用MCDM-WSSBM模型测算和分析浙江省渔业碳排放效率(作为海洋渔业低碳化发展的衡量指标),具体测算结果见图5.2。据此,可为浙江省的渔业提供科学指导,促进渔业的可持续发展并实现其与环境的和谐共处,这在环境保护、气候变化应对、资源利用和效率优化、低碳经济转型和可持续发展、政策和管理决策制定等方面都具有重要意义。

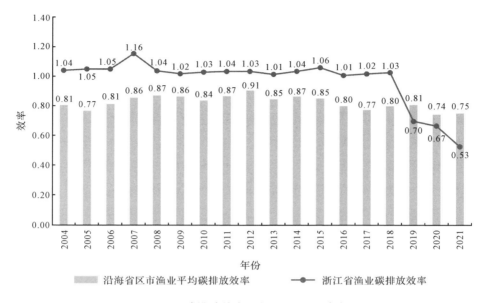

图 5.2 碳排放效率图(2004—2021 年)

由图 5.2 可知,浙江省渔业碳排放效率的整体变化趋势为从波动不大到骤然下降。水产技术推广机构经费由 2018 年的 18089.06 万元增长到 2021 年的 26846.38 万元,增长率高达 48.41%;渔业二氧化碳的排放量由 2018 年的 67.78 万吨减少到 2021 年的 66.01 万吨,下降了 2.61%。可猜测,为助力"双碳"目标的实现,推动海洋渔业节能减排,浙江省加大科技攻关力度,持续加强和推广经费保障制度,发展智慧渔业,但是这些进一步造成了劳动力、资本等投入要素呈现冗余状态,使浙江省的碳排放效率持续下降。2018—2021 年,浙江省渔业碳排放效率下降得较为明显,由 1.03 下降至 0.53,年均下降了 16.18%,说明在走绿色发展之路,实现碳减排的过程中,浙江省渔业碳排放效率受到了一定程度的影响。因此,浙江省要实现高质量发展,就必须把碳减排与提高碳排放效率有机统一起来,建立高效的渔业技术推广体系。

为开展横向比较,探究浙江省渔业碳排放效率,本部分测算了 2004—2021 年沿海不同省区市的渔业碳排放效率,沿海省区市渔业平均碳排放效率变化情况如图 5.2 所示。由图可知,沿海地区渔业平均碳排放效率基本在 0.80 左右浮动。2004—2018 年,浙江省渔业碳排放效率远远高于沿海省区市渔业平均碳排放效率,说明浙江省渔业发展历史久远,在 2018 年之前体制改革完备,生态养殖池塘已经建成,捕捞数量也逐年减少,水产技术不断更新,但是2018年之后,存在大量传统小型渔业企业,它们不顾法规,滥用不达标的渔具,对污水不加处理地排放,导致渔业生态环境变差,进而使浙江省渔业碳排放效率低于沿海省区市渔业的平均碳排放效率。

(二)渔业碳排放效率动态评价分析

本部分利用GML指数模型计算技术效率指数、技术进步指数和碳排放效率变化指数,进一步测算了相邻年份间渔业碳排放量的动态变化情况,测算结果如表5.3所示。

由表5.3可知,在2004—2021年浙江省渔业碳排放指数的测算结果中,渔业碳排放效率GML指数的均值为1.0230,但2004—2005年、2007—2008年、2008—2009年、2015—2016年、2017—2018年、2018—2019年、2020—2021年浙江省渔业碳排放效率指数皆小于1,表明浙江省渔业的投入产出效率有待提高;同时在浙江省渔业碳排放效率小于1的时间段,我们发现在2007—2008年、2008—2009年、2015—2016年、2018—2019年、2020—2021年浙江省渔业的技术效率指数皆小于1,2004—2005年、2007—2008年、2008—2009年、2017—2018年浙江省渔业的技术进步指数也小于1,说明浙江省渔业碳排放效率受到技术效率和技术进步的共同制约,但技术进步的制约作用要大于技术效率。因此,应该大力提高渔业技术效率,通过技术创新来提高渔业碳排放效率。

表5.3　2004—2021年浙江省渔业碳排放GML指数及其分解项

时间	EC	TC	GML
2004—2005年	1.0058	0.9835	0.9891
2005—2006年	1.0291	1.0620	1.0930
2006—2007年	1.0400	1.1326	1.1779
2007—2008年	0.9370	0.9452	0.8857
2008—2009年	0.9655	0.9775	0.9438
2009—2010年	1.0016	1.0049	1.0065
2010—2011年	1.0074	1.1171	1.1254
2011—2012年	1.0023	1.0248	1.0271
2012—2013年	0.6441	1.6057	1.0342
2013—2014年	1.5364	0.7165	1.1008
2014—2015年	1.0080	1.0043	1.0123

续表

时间	*EC*	*TC*	*GML*
2015—2016 年	0.5314	1.6306	0.8665
2016—2017 年	1.1953	0.9858	1.1782
2017—2018 年	1.5902	0.6145	0.9771
2018—2019 年	0.4865	2.0013	0.9737
2019—2020 年	1.1510	0.8826	1.0158
2020—2021 年	0.7998	1.2304	0.9841

通过观测浙江省2004—2021年GML指数分解项变化情况,可以得到浙江省GML指数及其分解项变化趋势(见图5.3),以反映浙江省碳排放效率在时间序列上的变动情况及影响因素变动差异。2004—2012年,GML、EC、TC指数整体平稳趋于1,变化幅度较小,且可以明显看出GML指数的整体变动趋势和TC指数的整体变动趋势大致相同,说明该阶段技术进步指数的提高能够促进浙江省渔业碳排放效率的提高。2012—2021年,GML指数的波动趋势较大,EC指数和TC指数则呈现反向变动关系。由此可知,渔业技术效率下降和技术退步交替,导致浙江省存在渔业碳排放效率不稳定的现象,该阶段渔业碳排放效率的增长则来源于技术进步和技术效率2个方面的共同影响。

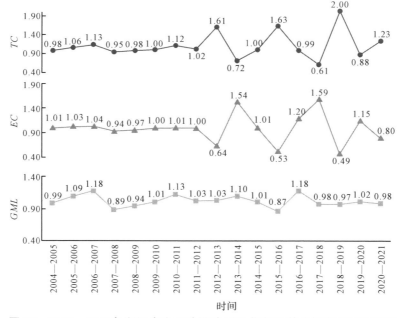

图5.3　2004—2021年浙江省渔业碳排放GML指数及其分解项平移趋势图

第四节 | 结论与启示

一、本章结论

渔业是碳排放源的重要组成部分,测算渔业碳排放效率可以帮助评估渔业活动对环境和气候变化的影响,且对进一步推进渔业高质量发展,统筹推动渔业现代化建设具有重要意义。利用相关数据、统计方法及测算模型,我们对浙江省渔业碳排放效率情况进行了系统的分析,主要得到以下几个方面的结论。

一是,利用2004—2021年渔业相关数据计算渔船燃油消耗量,进一步推算浙江省渔业碳排放量,发现浙江省渔业碳排放量呈现"M"形变化特征,即"上升—下降—上升—下降",波动较大。浙江省渔业碳排放总量受到环境减排法规及渔业发展规划影响,碳排放总量呈现下降趋势主要是由于颁布了有关渔业可持续发展的法律法规。

二是,为了更好地探究浙江省渔业碳排放特征,为今后低碳渔业发展提供有针对性的指导意见,测算了2004—2021年沿海不同省区市的渔业碳排放量,发现浙江省渔业碳排放量远远超过沿海省区市渔业的平均碳排放量。浙江省作为渔业大省,在促进经济增长的同时,应加强执法和监管,防范过度捕捞。

三是,为了衡量海洋渔业低碳化发展情况,利用2004年之后相关数据测算和分析浙江省的渔业碳排放效率,整体来看,浙江省渔业碳排放效率整体变化趋势从波动较小到骤然下降,说明在近几年全国走绿色发展之路,实现碳减排的过程中,浙江省碳排放效率受到了一定程度的影响。

四是,通过GML指数对浙江省渔业碳排放效率进行动态评价,结果发现2004—2021年浙江省渔业碳排放效率GML指数均值大于1,但2012—2021年,GML指数的波动趋势较大,由于渔业技术效率下降和技术退步交替影响,导致浙江省存在渔业碳排放效率不稳定的现象。这说明浙江省渔业碳排放效率的增长来源于技术进步和技术效率两方面的共同影响。

二、政策启示

推动海洋渔业经济低碳化发展,提高海洋渔业碳排放效率,对实现碳达峰目标具有重要的意义。为了加快浙江省渔业低碳发展,笔者认为,应着力开展以下几个方面的工作。

（一）大力提升渔业低碳技术的应用水平

渔业低碳技术进步是中国渔业隐含碳排放的主要抑制因素,而养殖与捕捞、水产品加工和水产流通对柴油、汽油、电力等能源的直接消耗仍然是中国渔业碳排放的主要来源。因此,要加大对渔业低碳技术研发和创新的投入,推动新技术的开发和利用,包括节能捕捞工具、低能耗养殖系统、碳捕捉和封存技术等;要积极推广已有的低碳技术和实践,向渔业从业者传授相关知识和技能,提高他们对低碳技术的认知和应用能力。

（二）支持渔业对外贸易,制定渔业经济补贴政策

对于积极投入外贸的渔业企业,政府可以考虑给予适当的财政补贴,以鼓励其参与低碳渔业的发展。同时,对于具有碳汇功能的水产品的养殖,政府可以实行有计划的财政补助,鼓励渔业企业和养殖户开展此类养殖活动。此外,政府还可以重新调整燃油补助结构,给予耗油量小的渔船更多的燃油补助。这样可以刺激渔船的节能减排,促进渔业的低碳化进程,最终实现浙江省渔业碳排放效率的提高。

（三）加大渔业低碳化发展宣传力度

低碳渔业涉及渔民、渔业企业和政府有关部门等多主体的利益,因此,渔业要成功实现向低碳化方向发展,就必定需要各主体的配合与协作。现阶段渔业低碳化概念推广的力度不足,绝大多数渔民和渔业企业对其还未有完整的认识,所以政府有关部门需要重视低碳渔业相关理论的普及,安排渔民和渔业企业集体学习或邀请有关专家现场教授讲解,使各主体清晰认识到渔业低碳化发展能够带来经济、生态和社会等各方面的效益。

（四）促进渔业低碳领域的国际合作

在国际低碳经济发展的大背景下,渔业低碳化发展是不可逆转的新趋势,是实现科学发展的必由之路,是浙江省渔业在其他区域和行业中获得竞争力的必要保证,既是我国作为最大的发展中国家责任担当的体现,也是巩固我国

国际影响力的有效途径。因此,要加强渔业低碳领域的国际合作,及时了解国外在该领域的建树,通过开展长期的经验交流会、科研会等保证国际交流的顺利进行,并学习借鉴他国成功经验来推动浙江省渔业低碳发展。

第六章

浙江省渔业高质量发展的

测算与动态趋势分析

发展海洋渔业对促进海洋经济增长、保障粮食安全和推进供给侧结构性改革具有重要的作用。我国是一个拥有丰富海洋资源的国家,渔业在国民经济中占有重要地位。但是,由于长期以来的过度捕捞和环境污染等问题,我国的渔业发展遇到了一系列的挑战。随着中国的经济逐步转向高质量发展,开展海洋渔业高质量发展综合评价,有助于了解海洋渔业高质量发展的现状、水平和制约条件,为有关部门发展高质量渔业提供相关参考。本章基于浙江省海洋渔业的发展状况,界定海洋渔业高质量发展的内涵,并通过构建浙江省海洋渔业高质量发展评价指标体系,对浙江省的渔业质量进行测算和分析,以期为渔业高质量发展提供政策依据。

第一节 ｜ 渔业高质量发展指标体系的设计与构建

对于评价渔业高质量发展情况,构建指标体系尤为重要。也就是说,在渔业高质量发展内涵的基础上,根据实际的数据,构建科学合理的指标体系。本节主要讨论的内容包括以下3个方面:渔业高质量发展内涵的界定;渔业高质量发展评价指标体系的构建;相关数据的处理和数据来源。

一、渔业高质量发展的内涵

渔业是我国经济和社会发展的支柱性产业之一,也是实现海洋强国、农业强国战略的重要抓手之一。随着改革开放,中国的渔业取得了突破性的进展,其促进经济增长和社会发展的同时,也在一定程度上突破了海洋资源和环境的底线,对海洋的生态环境造成了不可逆的影响。2021年《关于实施渔业发展支持政策推动渔业高质量发展的通知》[①]、2022年《农业农村部关于印发〈"十四五"全国渔业发展规划〉的通知》[②],都强调坚持推动渔业高质量发展的

---

① 2021年10月12日,《关于实施渔业发展支持政策推动渔业高质量发展的通知》,具体详见 http://www.mof.gov.cn/gkml/caizhengwengao/wg2021/wg202107/202110/t20211012_3757658.htm。

② 2022年1月6日,《农业农村部关于印发〈"十四五"全国渔业发展规划〉的通知》,具体详见 http://www.moa.gov.cn/govpublic/YYJ/202201/t20220106_6386439.htm。

必要性,以及实现渔业高质量发展的总体思路和相关政策。

渔业高质量发展是高质量发展在海洋渔业上的具体体现。综合对高质量发展的理解,本部分将渔业高质量发展的内涵归纳为:在保障渔业可持续发展的前提下,以提高渔业经济效益、保障渔民权益、促进渔业创新升级为主要目标,通过不断提高渔业资源利用效率和生产效率,实现渔业的高质量发展。

根据渔业高质量发展的含义及高质量发展的内涵,其具体包括以下几个方面的内容:一是渔业资源与环境得到合理利用;二是渔业经济发展实力得到巩固;三是渔业产业结构愈加合理;四是渔业创新的驱动力作用更加明显;五是渔业相关人员的生活水平得到较大提高。

二、指标体系的设计

渔业可持续发展是一个复杂的系统,其涉及渔业生产规模扩大、渔业经济增长、科技潜力、渔区社会发展、渔业环境生态保护等方面内容,因此,指标体系的设计需要基于多层次、多系统的视角,结合浙江省海洋渔业发展的实际情况,并且考虑相关部门数据的可获得性,遵循系统性、全面性、层次性、科学性及可比性的原则。为此,本节从资源与环境保护、渔业经济发展实力、渔业产业结构、渔业创新水平及社会综合发展等5个方面出发,构建渔业高质量发展指标体系,并以浙江省为例进行渔业高质量发展的评价与分析。

（一）资源与环境保护

海域空间资源是海洋渔业发展的基础投入要素,海洋渔业资源是人类赖以生存的重要资源。(王波,翟璐,韩立民,2020)丰富的渔业资源不仅为人类提供了丰富的食物来源,而且为经济发展和国际贸易的发展提供了强大支持。但如何平衡环境与发展是一个复杂的议题,随着经济的发展和社会的需要,过度捕捞和环境污染逐渐成为全球性的问题。(Ferraro,Brans,2012)目前,庄思哲和白福臣(2012)在对我国海洋生物资源进行概述的基础上,提出目前的海洋生物开发利用的具体问题,并探求其不合理开发的原因。有学者利用灰色关联分析法,测算了海洋产业与海洋资源利用之间的关联度,发现海洋资源的开发与产业有关(生楠,高健,刘依阳,2016);也有学者在构建产业集聚和区域资源与环境之间的耦合机理的基础上,发现海洋资源与产业之间的关系(黄瑞芬,王佩,2011)。

资源利用与环境保护的协调发展是促进高质量发展的推动力。考虑到渔业资源的有限性、生物资源的可更新性、渔业资源对象的流动性、海洋水域空间的立体性、水域环境质量的差异性等,本部分从资源水平和环境影响这2个方面来对资源与环境保护进行测度。其中,以鱼类占海洋捕捞产量的比重和优质鱼类占海洋捕捞产量的比重2个指标对资源水平进行描绘;以受污染的水产品经济损失、受污染的受灾养殖面积和受污染的水产品损失量,近似替代海洋渔业生产对环境的影响。

(二)渔业经济发展实力

渔业高质量发展的最终目的是促进经济的发展,因此经济发展在海洋渔业高质量发展评价中是必不可少的因素。从渔业经济的发展方式来看,较多学者得出我国渔业经济的发展方式为高度粗放的发展模式,未来为了实现渔业经济增长方式的转变,需要从政策和经济两方面着手。(冯浩,车斌,2017;王邵轩,2017;陆佼,杨正勇,2017;范小建,2007)从渔业经济的增长方面来看,张瑛等(2021)利用山东省2001—2018年的渔业相关数据,构建C-D生产函数模型,发现要想提高海洋水产品产量,就需要提高劳动力素质,实现劳动力效益最大化。从渔业经济的溢出效应来看,李博、田闯和金翠等(2020)通过构建空间计量模型对海洋经济增长质量的影响因素进行研究,发现环渤海地区的海洋经济增长质量在空间上呈现相关性且具有正反馈效应。

本部分从经济发展的角度入手,涉及水域利用的困难性、渔业资源利用的外部性、生产能力等,从发展水平、经济效率两方面对渔业经济发展实力进行说明。

其中,渔业发展水平采用海洋渔业年产值增长率和海洋渔业产值占渔业产值的比重来进行测度;渔业经济效率则采用海洋渔民人均海洋水产品产量、单位功率海洋捕捞产量和单位面积海水养殖产量等指标进行衡量。渔业发展水平的指标能够反映出渔业经济的发展情况,这为渔业高质量发展研究提供基础。

(三)渔业产业结构

渔业产业结构是渔业发展的重要基础,与渔业高质量发展密切相关。目前,我国的海洋渔业以第一产业为主,第二、第三产业的发展速度较慢,其不合理的产业结构对渔业经济的发展产生阻碍作用(乐家华,戴源,刘伟超,2019;周洪霞,陈洁,2017),但随着中国经济向更高质量发展转变,我国渔业经济中第二、第三产业的比重会不断增加(平瑛,赵玲蓉,2018)。较多的学者从产业结构方面对渔业进行了研究。王波等(2019)从渔业产业结构与渔业经济波动之间的关系出发,清晰展现了渔业产业结构高级化与合理化之间的内在逻辑。张红智等(2018)构建了GMM模型,研究了渔业多样化与专业化对渔业产业结构升级的影响,发现渔业产业结构的升级对渔业经济的发展具有积极的作用。

渔业的产业结构用来衡量渔业的自身发展状况,主要体现渔业产业内部的结构关系,从投入水平和产业优势两方面进行衡量。

从投入水平方面来看,渔业产业结构涉及渔业生产要素的配置情况,主要包括资金、劳动力、技术和物资等方面的投入。如果渔业产业结构合理,各要素的投入能够得到有效的协调和利用,便能提高渔业生产效率和经济效益。反之,如果渔业产业结构不合理,投入要素的配置不均衡,可能会导致渔业资源的浪费和生产效率的下降。本部分选取海洋捕捞机动渔船数量、海洋捕捞机动渔船总功率及海水养殖面积作为投入水平的衡量指标。从产业优势方面来看,则选择用441千瓦以上海洋捕捞机动渔船总功率占比来反映大型渔船在渔业生产中的占比,用拖网张网外作业海洋捕捞机动渔船总功率占比来反映渔业生产技术水平和技术效率,用深水网箱养殖面积和工厂化养殖面积来反映水产养殖生产规模和技术水平。

(四)渔业创新水平

随着经济社会的发展和渔业资源的减少,传统的渔业生产模式和管理方式已经越来越难以满足人们对于渔业产品的需求和环境的要求,因此提高渔业的创新能力和创新水平,推动渔业积极地发展,成了渔业高质量发展的必要条件和重要手段。(王春娟,刘大海,王玺茜,2020)李大海等(2018)以青岛市为例进行研究,发现推动海洋经济高质量发展需要以科技创新为动力,加快新旧动能之间的转换。不同的学者采用不同的方法测算了海洋科技创新与海洋全要素生产率之间的关系,比如:杜海东、郑伟和王嵩等（2017）基于索罗和三阶段DEA混合模型测算海洋科技进步贡献率,并观测其时空上的差距;丁黎黎、朱琳和何广顺（2015）采用基于方向性距离函数的方法来构建海洋经济全要素生产率模型和技术进步要素偏向模型,以对海洋全要素生产率的时空差异进行比较。宁凌和宋泽明（2020）运用面板向量自回归模型进行研究,发现海洋科技创新对经济发展具有积极的作用。

渔业创新水平用来衡量渔业的先进度,从科技投入和科技基础建设两方面进行测算。用渔业技术推广经费投入和技术站中高级人员占比来衡量科技投入是一种常用的方法。渔业技术推广经费投入反映了政府和相关部门对于渔业科技发展的重视程度和投入力度,更高的投入通常意味着更多的科研和技术推广活动,这有助于促进渔业技术的进步和创新。而技术站中高级人员占比则反映了技术推广人员的专业水平和专业能力,越高的占比通常意味着技术推广工作的质量和效果越好。用水产技术推广机构数量和每万名渔民拥有的渔业技术推广人员数量来衡量科技基础建设也是一种常用的方法。水产技术推广机构数量反映了科技基础设施的建设情况,更多的机构通常意味着越强的科技基础建设,这有助于提供更多的科技支持和科技服务。每万名渔民拥有的渔业技术推广人员数量则反映了科技服务的覆盖面和深度,更多的数量通常意味着更广泛和深入的科技服务,这有助于提高渔民的技术水平和生产效益。

（五）社会综合发展

社会综合发展是评价高质量发展水平的重要依据,高质量发展的要求就是社会、经济和环境和谐发展,因此,社会综合发展是需要考虑的因素之一。社会福祉对渔业的治理具有重要的作用,甚至关系到整个人类的生态系统。（Nireka et al., 2013）

鉴于目前海洋统计制度,以及相关数据的可获得性,本部分从收入水平和就业情况两方面进行指标设计。其中,收入水平以渔民人均纯收入进行衡量;渔业就业情况,则用海洋渔业从业人员占海洋渔业人口的比重和海洋渔业从业人员占渔业从业人员的比重这2个指标进行衡量。

根据上文的思路,本部分构建了海洋渔业高质量发展指标体系,包括5个一级指标、10个二级指标、24个三级指标。具体指标名称及其属性可见表6.1。

表6.1 海洋渔业高质量发展指标体系

一级指标	二级指标	三级指标	属性
资源与环境保护	资源水平	x_1 鱼类占海洋捕捞产量的比重/%	正
		x_2 优质鱼类占海洋捕捞产量的比重/%	正
	环境影响	x_3 受污染的水产品经济损失/万元	逆
		x_4 受污染的受灾养殖面积/公顷	逆
		x_5 受污染的水产品损失量/吨	逆
渔业经济发展实力	发展水平	x_6 海洋渔业年产值增长率/%	正
		x_7 海洋渔业产值占渔业产值的比重/%	正
	经济效率	x_8 海洋渔民人均海洋水产品产量/吨	正
		x_9 单位功率海洋捕捞产量/（吨/千瓦）	正
		x_{10} 单位面积海水养殖产量/（吨/公顷）	正
渔业产业结构	投入水平	x_{11} 海洋捕捞机动渔船数量/艘	正
		x_{12} 海洋捕捞机动渔船总功率/千瓦	正
		x_{13} 海水养殖面积/公顷	正
	产业优势	x_{14} 441千瓦以上海洋捕捞机动渔船总功率占比/%	正
		x_{15} 拖网张网外作业海洋捕捞机动渔船总功率占比/%	正
		x_{16} 深水网箱养殖面积/平方米	正
		x_{17} 工厂化养殖面积/平方米	正
渔业创新水平	科技投入	x_{18} 渔业技术推广经费投入/万元	正
		x_{19} 技术站中高级人员占比/%	正
	科技基础建设	x_{20} 水产技术推广机构数量/个	正
		x_{21} 每万名渔民拥有的渔业技术推广人员数量/人	正
社会综合发展	收入水平	x_{22} 渔民人均纯收入/元	正
	就业情况	x_{23} 海洋渔业从业人员占海洋渔业人口的比重/%	正
		x_{24} 海洋渔业从业人员占渔业从业人员的比重/%	正

三、指标解释与数据来源

上述海洋渔业高质量发展指标体系中部分指标值可直接在资料中找到，以下对需要通过计算得到的指标值进行解释说明。

（一）指标解释

鱼类占海洋捕捞产量的比重（x_1）为海洋捕捞鱼类的产量与海洋捕捞总产量的比值。计算公式为：

$$鱼类占海洋捕捞产量的比重 = \frac{海洋捕捞鱼类的产量}{海洋捕捞总产量} \times 100\%$$

优质鱼类占海洋捕捞产量的比重（x_2）为大黄鱼、小黄鱼、带鱼、鳗鱼、鲳鱼、鲐鱼、鲅鱼等优质鱼类的产量与海洋捕捞总产量的比值。计算公式为：

$$优质鱼类占海洋捕捞产量的比重 = \frac{优质鱼类的产量}{海洋捕捞总产量} \times 100\%$$

海洋渔业产值占渔业产值的比重（x_7）是海洋渔业增加值与渔业增加值的比值。计算公式为：

$$海洋渔业产值占渔业产值的比重 = \frac{海洋渔业增加值}{渔业增加值} \times 100\%$$

海洋渔民人均海洋水产品产量（x_8）是海洋水产品产量与海洋渔业从业人员数量的比值，其中海洋水产品产量包括国内海洋捕捞产量和海水养殖产量。计算公式为：

$$海洋渔民人均海洋水产品产量 = \frac{国内海洋捕捞产量 + 海水养殖产量}{海洋渔业从业人员数量}$$

单位功率海洋捕捞产量（x_9）是指耗费单位功率所能捕捞的产量，反映的是海洋捕捞产量的效率。计算公式为：

$$单位功率海洋捕捞产量 = \frac{国内海洋捕捞产量}{海洋捕捞机动渔船总功率}$$

单位面积海水养殖产量（x_{10}）。单位面积海水养殖产量是指单位面积的海水养殖所产出的产量，反映的是经济发展效率，指标数值越大，说明经济发展效率越高。计算公式为：

$$单位面积海水养殖产量 = \frac{海水养殖产量}{海水养殖面积}$$

441千瓦以上海洋捕捞机动渔船总功率占比(x_{14})是指441千瓦以上海洋捕捞机动渔船总功率占海洋机动渔船总功率的比重。计算公式为：

441千瓦以上海洋捕捞机动渔船总功率占比

$$=\frac{441千瓦以上海洋捕捞机动渔船总功率}{海洋捕捞机动渔船总功率}\times100\%$$

拖网张网外作业海洋捕捞机动渔船总功率占比(x_{15})是指拖网张网外作业海洋捕捞机动渔船总功率与海洋捕捞机动渔船总功率的比值，其中拖网张网外作业海洋捕捞机动渔船总功率是海洋捕捞机动渔船总功率与拖网张网作业海洋捕捞机动渔船总功率的差。计算公式为：

拖网张网外作业海洋捕捞机动渔船总功率占比$=$

$$\frac{拖网张网外作业海洋捕捞机动渔船总功率}{海洋捕捞机动渔船总功率}\times100\%$$

技术站中高级人员占比(x_{19})是指技术站中中级和高级渔业技术人员的数量与渔业技术推广人员总数量的比值。计算公式为：

$$技术站中高级人员占比=\frac{中高级渔业技术人员数量}{渔业技术推广人员总数量}\times100\%$$

每万名渔民拥有的渔业技术推广人员数量(x_{21})是指在1万名渔业从业人员中渔业技术推广人员的数量。计算公式为：

$$每万名渔民拥有的渔业技术推广人员数量=\frac{渔业技术推广人员总数量}{渔业从业人员总数量}\times10000$$

海洋渔业从业人员占海洋渔业人口的比重(x_{23})是海洋渔业从业人员总数量与海洋渔业人口总数量的比值，该指标反映海洋渔业的从业情况。计算公式为：

海洋渔业从业人员占海洋渔业人口的比重$=$

$$\frac{海洋渔业从业人员总数量}{海洋渔业人口总数量}\times100\%$$

海洋渔业从业人员占渔业从业人员的比重(x_{24})是海洋渔业从业人员总数量与渔业从业人员总数量的比值。计算公式为：

海洋渔业从业人员占渔业从业人员的比重$=$

$$\frac{海洋渔业从业人员总数量}{渔业从业人员总数量}\times100\%$$

（二）数据来源

为保持各项指标的时间、统计口径的统一，同时考虑到数据的可得性，本部分最终选取2004年至2021年的数据，通过纵向比较各年度的综合得分来说明浙江省海洋渔业高质量发展水平。各项指标数据来源于农业部渔业局编写的《中国渔业统计年鉴》。

第二节 | 渔业高质量发展评价方法

根据表6.1，渔业高质量发展可以分解为5个方面。为了计算渔业高质量发展整体得分和分项得分，需要设计一套有效的评价方法。由于不同的指标体系在指标属性、计量单位等方面存在较大的差异，本部分先采用极差法对数据进行归一化处理，接着采用熵权法和灰色关联分析法进行指标权重的分配，并计算指标的综合得分。

一、指标归一化方法

由于指标体系内，各个指标的计量单位、经济意义及表现形式各不相同，不能直接进行比较，需将其转化为统一的尺度来比较。灰色系统评价中，一般采用的指标归一化方法有极差法、标准差法、熵值法、线性函数法等。其中，极差法是灰色系统评价中常用的方法，它是指将指标的取值范围进行归一化处理，计算每个指标的极差，然后根据极差计算归一化值。根据性质，可以将指标分为正向指标和负向指标两大类。正向指标也称为收益型指标，是数值越大，对评估结果越有利的指标，即指标值越大越好；负向指标也称为成本型指标，是数值越小，对评估结果越有利的指标，即指标值越小越好。利用极差法进行归一化处理的公式如下：

正向指标（收益型指标）：

$$x'_{ij} = \frac{x_{ij} - \min\left(x_{ij}\right)}{\max\left(x_{ij}\right) - \min\left(x_{ij}\right)} \tag{6.1}$$

负向指标(成本型指标):

$$x'_{ij} = \frac{\max\left(x_{ij}\right) - x_{ij}}{\max\left(x_{ij}\right) - \min\left(x_{ij}\right)} \qquad (6.2)$$

其中,x_{ij}为原始数据,x'_{ij}为归一化处理后的指标数据,$\max\left(x_{ij}\right)$和$\min\left(x_{ij}\right)$分别指指标数据的最大值和最小值。

二、权重构建方法

(一)熵权法

该方法以信息熵理论为基础,依据指标的方差,反映指标的数据波动情况。该方法将指标的方差值与均值的比值定义为某一指标的熵值,各指标的熵值基于最大熵原理,按大小进行归一化处理,即将每个指标的熵值除以所有指标熵值之和,得到指标的熵权。熵权法的赋权思想为:对指标进行赋权时应该考虑其变异程度的高低及所包含的信息量。指标的变异程度越高,意味着指标包含的信息量越多,熵值越小,权重越大;相反,指标的变异程度越低,熵值越大,权重越小。

利用熵权法对各层指标权重进行计算,求解各个一级指标下的二级指标、三级指标的权重,最后合成各个一级指标的权重。利用熵权法计算权重的过程如下:

第一步:收集指标数据,构建评价矩阵。

$$\boldsymbol{X} = \begin{pmatrix} x_{11} & \cdots & x_{1n} \\ \vdots & \cdots & \vdots \\ x_{m1} & \cdots & x_{mn} \end{pmatrix} \qquad (6.3)$$

其中,n为评价指标的数量,m为评价对象的个数。

第二步:数据标准化。对收集到的数据进行数据标准化处理,将原先的指标转为无量纲化的相对指标。

第三步:计算各指标的信息熵。先将标准化后的指标按行求和,计算每个指标在每个样本上的概率值。然后根据信息熵的定义,计算各个指标的信息熵:

$$H = -k\sum_{i=1}^{n} p_i \ln p_i \qquad (6.4)$$

其中, n 为事件发生情况的总数。当 $k=\dfrac{1}{\ln n}$,规定 $p_i = 0$ 时,

$$-k\sum_{i=1}^{n}p_i\ln p_i = 0 \tag{6.5}$$

第 j 个评价指标的熵为:

$$H_j = -k\sum_{i=1}^{m}f_{ij}\ln f_{ij}\left(j = 1,2,\cdots,n\right) \tag{6.6}$$

式中 $f_{ij}=\dfrac{x'_{ij}}{\sum\limits_{i=1}^{m}x'_{ij}}$, $k=\dfrac{1}{\ln m}$,规定 $f_{ij} = 0$ 时, $\ln f_{ij}=0$ 。

第四步:计算各指标的差异系数。第 j 个指标的差异系数计算公式如下:

$$C_j = 1 - H_j \tag{6.7}$$

第五步:计算各指标的权重。权重越大,说明该指标对海洋经济高质量发展的影响程度越高。第 j 个指标的权重计算公式如下:

$$\omega_j = \dfrac{C_j}{\sum_{j=1}^{n}C_j} \tag{6.8}$$

其中, $0\leqslant\omega_j\leqslant1$, $\sum_{j=1}^{n}\omega_j = 1$ 。

第六步:计算综合评分结果,公式如下:

$$s_i = \sum_{j=1}^{n}\omega_j x_{ij} \tag{6.9}$$

根据熵权法的计算步骤,可得到各个指标的权重,数据结果见表6.2。

表6.2　浙江省渔业高质量发展指标体系权重分配结果——熵权法

一级指标 (权重)	二级指标 (权重)	三级指标(权重)	综合权重
资源与环境保护(0.103)	资源水平(0.536)	鱼类占海洋捕捞产量的比重(0.483)	0.027
		优质鱼类占海洋捕捞产量的比重(0.518)	0.029
	环境影响(0.464)	受污染的水产品经济损失(0.189)	0.009
		受污染的受灾养殖面积(0.535)	0.026
		受污染的水产品损失量(0.276)	0.013

续表

一级指标 （权重）	二级指标 （权重）	三级指标（权重）	综合 权重
渔业经济 发展实力 （0.346）	发展水平（0.319）	海洋渔业年产值增长率（0.222）	0.025
		海洋渔业产值占渔业产值的比重（0.778）	0.086
	经济效率（0.681）	海洋渔民人均海洋水产品产量（0.111）	0.026
		单位功率海洋捕捞产量（0.163）	0.039
		单位面积海水养殖产量（0.726）	0.171
渔业产业 结构（0.257）	投入水平（0.210）	海洋捕捞机动渔船数量（0.226）	0.012
		海洋捕捞机动渔船总功率（0.201）	0.011
		海水养殖面积（0.573）	0.031
	产业优势（0.790）	441千瓦以上海洋捕捞机动渔船总功率占比 （0.220）	0.045
		拖网张网外作业海洋捕捞机动渔船总功率 占比（0.164）	0.033
		深水网箱养殖面积（0.439）	0.089
		工厂化养殖面积（0.178）	0.036
渔业创新 水平（0.109）	科技投入（0.671）	渔业技术推广经费投入（0.596）	0.044
		技术站中高级人员占比（0.404）	0.030
	科技基础建设 （0.329）	水产技术推广机构数量（0.496）	0.018
		每万名渔民拥有的渔业技术推广人员 数量（0.504）	0.018
社会综合 发展（0.185）	收入水平（0.557）	渔民人均纯收入（1.000）	0.103
	就业情况（0.443）	海洋渔业从业人员占海洋渔业人口的比重 （0.350）	0.029
		海洋渔业从业人员占渔业从业人员的比重 （0.650）	0.053

（二）灰色关联分析法

灰色关联分析法是一种基于数据序列来研究影响因素与目标值之间关联程度的统计分析方法，用于衡量各因素间的关联度大小，以便得出影响行业发展态势的重要因素。灰色关联分析法在海洋经济高质量发展综合评价研究中有2个方面的应用：一方面，可以用于确定各评估指标的权重，即通过比较每个指标值与目标值之间的关联度,确定其相对重要性,从而来衡量指标对目标变量的影响程度;另一方面,可以对海洋经济各年份的发展情况进行比较。

对灰色关联度的衡量是通过关联系数来体现的,关联系数的计算步骤如下:

首先,对数据进行归一化处理。由于各指标的经济意义和计量单位不同,在进行灰色关联分析前需要对原始数据进行归一化处理。常用的方法有初值化、均值化、中值化等,本部分采取的是初值化处理方式,即用同一数列的第一个数据除以后面的所有数据,从而得到一个新的数列。

设有原始数列:

$$\boldsymbol{x}_i = \left(x_{i1}, x_{i2}, x_{i3}, \cdots, x_{ip} \right)\left(i = 1,2,3,\cdots,n \right) \tag{6.10}$$

对 $\boldsymbol{x}^{(0)}(i)$ 进行初值化处理后得:

$$\boldsymbol{x}^{(1)}(i) = \left\{ \frac{x^{(0)}(1)}{x^{(0)}(1)}, \frac{x^{(0)}(2)}{x^{(0)}(1)}, \cdots, \frac{x^{(0)}(n)}{x^{(0)}(1)} \right\} \tag{6.11}$$

设经过数据处理后的参考列是:

$$\boldsymbol{x}(t) = \left\{ x_{01}, x_{02}, \cdots, x_{0n} \right\} \tag{6.12}$$

其次,逐个计算每个序列与参考列对应指标值的绝对差值,求出绝对值差序列,即:

$$\left| \Delta_i(k) \right| = \left| \boldsymbol{x}_0(k) - \boldsymbol{x}_i(k) \right| \tag{6.13}$$

该矩阵中的最大值和最小值分别记为 $\Delta_{\max}$ 和 $\Delta_{\min}$,由此计算出第 i 个评价对象的第 k 个指标与参考列之间的关联系数 $\xi_i(k)$,即:

$$\xi_i(k) = \frac{\Delta_{\min} + \rho \Delta_{\max}}{\Delta_{ik} + \rho \Delta_{\max}} \left(i = 1,2,\cdots,n, k = 1,2,\cdots,p \right) \tag{6.14}$$

其中,ρ 是分辨系数,通常取 $\rho=0.5$。

在利用灰色关联分析法时,将参考列设置为原始数据的极值,即正向指标取最大值,负向指标取最小值。根据关联系数序列,可计算关联度,公式为:

$$\gamma_i = \sum_{k=1}^{p} \xi_i(k) \omega_k \left(i = 1,2,3,\cdots,n \right) \tag{6.15}$$

其中,$\xi_i(k)$为第i个评价对象的第k个指标的关联系数,ω_k为第k个指标的权重,γ_i为第i个评价对象的关联度。

最后,根据灰色关联度分析各年度渔业高质量发展的具体水平,以及最优状态下的偏差程度及优劣势指标。

三、指数集成方法

根据多层次灰色评价方法的步骤,利用SPSS软件进行计算,可得各三级指标的关联系数。根据关联系数及各指标的权重,可得相关年度各一级指标及二级指标的综合关联度。为了结果更直观,我们将综合关联度乘100,作为其评价得分。

第三节 | 结果分析

根据上一节确定的指标体系和评价方法,本部分利用《中国渔业统计年鉴》发布的2004—2021年数据展开实际测算。下文将分别对浙江省渔业高质量发展的整体水平和各分项指标的测算结果进行分析。

一、渔业高质量发展整体情况分析

根据测算结果,总体来看,浙江省渔业高质量发展水平总体呈现先上升后下降的趋势。2021年,浙江省渔业高质量发展水平的得分为73.06,同比下降了7.74%。与2004年的58.45相比,有明显的上升,增幅达到25.00%。

2004—2021年,浙江省渔业高质量发展情况大致可以分为2个阶段。第一阶段是2004年至2019年的发展期。这段时间内,渔业高质量水平的得分平稳上升,最高点出现在2019年,为82.17,与2004年相比增幅达到40.58%。第二阶段是2020—2021年。这2年,渔业高质量发展水平的得分呈现出明显的下降趋势,分别为79.19和73.06,2021年相比2019年降低了11.09%。相关数据见图6.1。

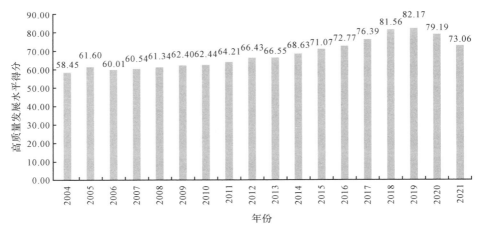

图 6.1　浙江省渔业高质量发展水平得分（2004—2021 年）

2018 年以来,浙江省渔业高质量发展水平快速提升,这得益于较多的政策支持。早在 2011 年,国务院正式批复《浙江省海洋经济发展示范区规划》,并在同年设立浙江舟山群岛新区,带动了浙江省渔业的快速发展;同年,浙江省发布《浙江省渔业高质量发展"十四五"规划》,强调在"十四五"期间要推进渔业现代化建设,改善渔业水产品供给结构与质量,充分保障渔业安全,实现渔业绿色发展和数字化建设,重视海洋资源与对环境的养护。①2004—2021 年,浙江省渔业高质量发展水平的评价结果见表 6.3。

表 6.3　浙江省渔业高质量发展水平评价结果

时间	一级指标					高质量发展水平综合得分
	资源与环境保护	渔业经济发展实力	渔业产业结构	渔业创新水平	社会综合发展	
2004 年	55.27	55.90	59.99	58.92	62.56	58.45
2005 年	86.32	62.89	58.77	56.27	52.50	61.60
2006 年	61.58	64.63	56.79	55.36	57.70	60.01
2007 年	56.10	63.93	53.29	58.89	67.70	60.54
2008 年	52.12	63.81	58.09	65.58	63.87	61.34
2009 年	50.92	64.19	59.90	67.83	65.72	62.40

① 2021 年 6 月 10 日,《浙江省农业农村厅关于印发〈浙江省渔业高质量发展"十四五"规划〉的通知》,具体详见 http://nynct.zj.gov.cn/art/2021/12/15/art_1229142041_4843001.html。

时间	一级指标					高质量发展水平综合得分
	资源与环境保护	渔业经济发展实力	渔业产业结构	渔业创新水平	社会综合发展	
2010 年	54.20	62.72	60.00	70.09	65.39	62.44
2011 年	59.32	60.13	64.11	73.92	68.99	64.21
2012 年	70.96	65.83	60.15	76.69	67.69	66.43
2013 年	62.50	64.02	62.16	78.64	72.53	66.55
2014 年	56.10	66.20	66.78	76.28	78.23	68.63
2015 年	60.28	65.09	69.06	80.73	85.35	71.07
2016 年	61.05	68.25	70.90	93.42	78.17	72.77
2017 年	63.95	73.11	70.18	94.58	87.34	76.39
2018 年	70.51	86.15	75.43	82.86	86.86	81.56
2019 年	68.82	87.89	78.92	80.84	84.21	82.17
2020 年	64.40	80.73	80.39	73.57	86.20	79.19
2021 年	61.38	77.91	70.82	67.00	77.20	73.06

二、分项指标的测度结果

（一）资源与环境保护指标

根据图 6.2，浙江省渔业资源与环境保护指标值在 2005 年达到峰值，为 86.32；在 2005—2009 年大幅下降，由 86.32 下降到了 50.92；2009—2012 年又出现小幅度的上升，2012 年与 2009 年相比增加了 39.36%。2012 年之后，该指标值处于波动状态，最后稳定在 60 附近。

从资源水平和环境影响这 2 个二级指标来看，指标值波动较为明显，在部分年份上波动的幅度较大，比如 2005 年和 2012 年。具体数据见表 6.4。

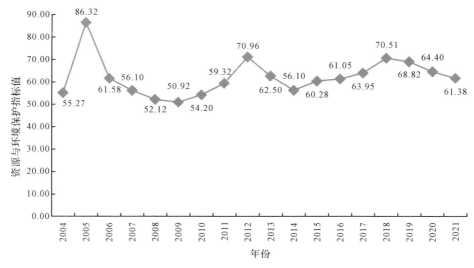

图6.2　浙江省渔业资源与环境保护指标值变化趋势(2004—2021年)

表6.4　浙江省渔业资源与环境保护的各二级指标值变化情况

时 间	资源水平	环境影响
2004 年	52.16	58.56
2005 年	91.15	80.32
2006 年	75.58	45.17
2007 年	61.80	49.26
2008 年	50.16	54.10
2009 年	61.94	38.00
2010 年	67.08	39.12
2011 年	64.15	53.46
2012 年	96.75	40.96
2013 年	82.68	38.99
2014 年	70.09	39.74
2015 年	78.51	39.02
2016 年	79.37	39.68
2017 年	83.71	40.92
2018 年	93.55	43.68

续表

时间	资源水平	环境影响
2019 年	90.04	44.08
2020 年	81.66	44.23
2021 年	78.39	41.52

资源水平指标值呈现波动上升的趋势,2005 年为 91.15,为 2004—2021 年的最高水平,此后逐步下跌,2008 年跌至 2004—2021 年的最低水平,为 50.16,较 2005 年下降 44.97%。2014 年之后,其基本呈现出波动上升的趋势,2021 年达到 78.39,与 2008 年相比增长 56.28%。其原因主要在于,本部分以鱼类占海洋捕捞产量的比重(x_1)及优质鱼类占海洋捕捞产量的比重(x_2)2 个指标来反映资源水平的变动,而 2014 年后,浙江省为减小海洋生态环境压力,主动降低了海洋捕捞强度,故 2014 年这 2 个指标值均为历史最低水平,因此,资源水平指标值呈现出"两头高,中间低"的趋势。

环境影响指标值总体呈现波动下降趋势,2021 年为 41.52,同比下降6.13%,与 2008 年相比,下降 23.25%。2012—2021 年,环境影响指标值的波动较为平稳,基本维持在 40 左右。本部分中,环境影响指标主要由受污染的水产品经济损失(x_3)、受污染的受灾养殖面积(x_4)和受污染的水产品损失量(x_5)3 个指标来反映,且这 3 个指标均为逆向指标,即指标值越小说明环境越好。由这 3 个指标近年来的数据可知,它们分别由 2004 年的 4310 万元、43238 公顷和 10122 吨下降至 2021 年的 7 万元、5 公顷和 5 吨,下降极为明显,说明近年来浙江省海洋渔业受污染的损失明显地减少,因此环境影响指标值呈现出明显下降的趋势。

(二)渔业经济发展实力指标

由图 6.3 可知,渔业经济发展实力的指标值基本呈现稳定上升趋势,2019年达到 2004—2021 年间的最高点,为 87.89,同比增长 2.02%,与 2004 年相比,增幅达到了 57.23%,年均增速为 3.06%。可见,近年来浙江省海洋渔业经济发展水平稳步提高。

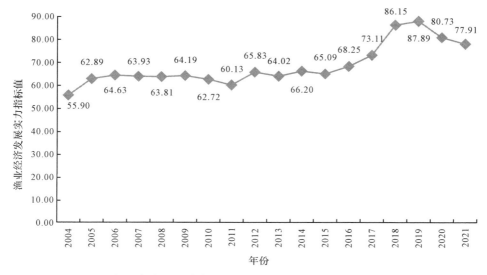

图6.3 浙江省渔业经济发展实力指标值变化趋势(2004—2021年)

从渔业经济发展实力指标的2个二级指标来看,2004—2021年,发展水平和经济效率指标值整体呈现出上升趋势。其中,2021年发展水平指标值和经济效率指标值分别为85.13和74.53,与2004年相比,分别提升了16.65和24.52,分别增长了24.31%和49.03%。相关数据可见表6.5。

表6.5 浙江省渔业经济发展实力指标的各二级指标值变化情况

时间	发展水平	经济效率
2004年	68.48	50.01
2005年	83.83	53.08
2006年	90.08	52.72
2007年	87.92	52.70
2008年	68.66	61.53
2009年	60.59	65.88
2010年	63.56	62.33
2011年	54.65	62.69
2012年	60.14	68.49
2013年	55.56	67.98
2014年	60.00	69.10

续表

时间	发展水平	经济效率
2015 年	55.83	69.43
2016 年	62.31	71.03
2017 年	48.93	84.43
2018 年	76.97	90.44
2019 年	80.26	91.47
2020 年	81.22	80.51
2021 年	85.13	74.53

从上述数据来看,发展水平指标值呈现先升后降再升的变动趋势,总体有所提升。2021 年发展水平指标值为 85.13,与 2020 年相比,增加了 4.81%,2006 年的指标值(90.08)达到了 2004—2021 年期间的最高点,2017 年的发展水平指标值(48.93)为 2004—2021 年期间的最低点。造成这种变动的原因是,发展水平指标主要由海洋渔业年产值增长率(x_6)和海洋渔业产值占渔业产值的比重(x_7)2 个指标来反映,这 2 个指标的值均在 2011 年和 2014 年上升得较为明显,特别是海洋渔业年产值增长率,2011 年、2014 年分别为 11.32%、8.32%,而 2017 年海洋渔业年产值出现负增长,且海洋渔业产值占渔业产值的比重也达到了历年最低,故 2017 年发展水平指标值较 2016 年有明显下降。

(三)渔业产业结构指标

海洋渔业产业结构指标值从 2004 年的 59.99 提升至 2021 年的 70.82,增长了 18.05%,其间呈现出稳定上升的趋势(除个别年份外)。从图 6.4 中不难看出,2004—2020 年间,浙江省渔业产业结构指标值的变化大致经历了 3 个阶段。2004—2009 年期间,浙江省海洋渔业产业结构指标值维持在 60 左右,处于产业结构波动期;2010—2011 年间,浙江省海洋渔业获得短期快速发展;2012—2020 年期间,浙江省海洋渔业产业结构指标值稳步增长,这与产业结构的优化有关。

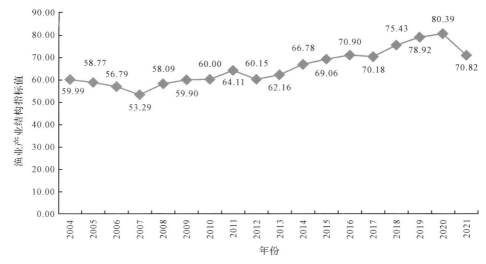

图6.4 浙江省渔业产业结构指标值变化趋势（2004—2021年）

从渔业产业结构指标的2个二级指标来看，2004—2021年，投入水平指标值呈现缓慢上升再降低的趋势。2021年投入水平指标值和产业优势指标值分别为51.69和75.90。与2004年相比，投入水平指标值降低了4.37%，产业优势指标值增长了23.29%。相关数据可见表6.6。

表6.6 浙江省渔业产业结构指标的各二级指标值变化情况

时间	投入水平	产业优势
2004 年	54.05	61.56
2005 年	60.81	58.23
2006 年	65.21	54.55
2007 年	60.20	51.45
2008 年	81.45	51.88
2009 年	76.16	55.58
2010 年	78.54	55.07
2011 年	71.43	62.16
2012 年	69.02	57.79
2013 年	69.33	60.25
2014 年	69.38	66.09
2015 年	69.57	68.92

时　间	投入水平	产业优势
2016 年	70.30	71.06
2017 年	62.08	72.34
2018 年	64.29	78.39
2019 年	63.22	83.09
2020 年	62.27	85.20
2021 年	51.69	75.90

从 2004 年到 2021 年,投入水平指标值呈现出一定的波动性,整体呈下降趋势。具体来说,2004 年到 2005 年,投入水平指标值有所增长,从 54.05 增加到 60.81;2005 年到 2008 年,投入水平指标值呈现出明显的上升趋势,从 60.81 增加到 81.45;2008 年到 2010 年,投入水平指标值相对稳定,波动幅度不大,维持在 76.00—82.00 之间;2010 年到 2017 年,投入水平指标值有所下降,从 78.54 逐渐降至 62.08;2017 年到 2020 年,投入水平指标值基本保持稳定,波动幅度不大,维持在 62.00—65.00 之间;2020 年到 2021 年,投入水平指标值有所下降。

从 2004 年到 2021 年,产业优势指标值呈现出一定的波动性,但整体呈上升趋势。具体来说,2004 年到 2007 年,产业优势指标值有所下降,从 61.56 降至 51.45;2007 年到 2008 年,产业优势指标值相对稳定,波动幅度不大,维持在 51.00—52.00 之间;2008 年到 2011 年,产业优势指标值有所上升,从 51.88 逐渐升至 62.16;2011 年到 2013 年,产业优势指标值相对稳定,波动幅度不大,维持在 57.00—63.00 之间;2013 年到 2020 年,产业优势指标值继续上升,从 60.25 逐渐升至 85.20;2020 年到 2021 年,产业优势指标值有所下降。

（四）渔业创新水平指标

从图 6.5 中可以看出,海洋渔业创新水平指标值从 2004 年的 58.92 提升至 2021 年的 67.00,增长了 13.71%。其中,2004—2017 年,该指标值呈现上升的趋势,在 2017 年后持续下降。其原因可能是 2010—2017 年期间,浙江省提出并执行"科技兴国"战略,对科技资源进行了较大幅度的调整,这使该期间的指标值呈现上升趋势。

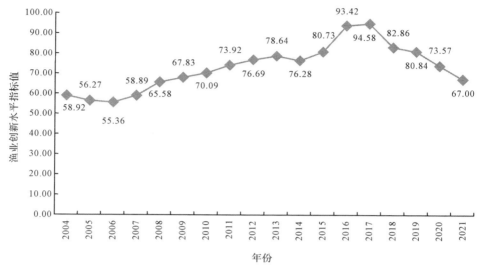

图6.5　浙江省渔业创新水平指标值变化趋势(2004—2021年)

从渔业创新水平指标的2个二级指标来看,科技投入指标值和科技基础建设指标值在2016年前呈现增长状态,在2017年之后分别出现波动下降的趋势。2021年,科技投入指标值和科技基础建设指标值分别为74.89和50.90,和2004年相比,科技投入指标值增加了25.96,增长了53.06%,科技基础建设指标值减少了28.38,降低了35.80%。相关数据可见表6.7。

从2004年到2021年的数据来看,科技投入指标值在2016年前有较大幅度的提升,至2016年达到了95.36,较2004年增长了94.89%,而在2021年又下滑至74.89。这主要是因为渔业技术推广经费在2016年左右投入较多。科技基础建设指标值在2017年前波动上升,至2017年达到了95.66,较2004年增长了20.66%,在2017年后呈现下降趋势,于2020年达到最低点(49.69),在2021年有所回升。这表明浙江省在渔业技术的发展和创新方面,仍然需要加强对高素质渔业人员的培养和引进,以提高海洋渔业的实力,为海洋渔业高质量发展提供动力。

表6.7 浙江省渔业创新水平指标的各二级指标值变化情况

时间	科技投入	科技基础建设
2004 年	48.93	79.28
2005 年	51.15	66.72
2006 年	52.57	61.05
2007 年	56.98	62.79
2008 年	58.89	79.20
2009 年	61.08	81.62
2010 年	67.32	75.73
2011 年	72.26	77.29
2012 年	80.42	69.09
2013 年	79.21	77.49
2014 年	74.64	79.63
2015 年	78.76	84.75
2016 年	95.36	89.44
2017 年	94.05	95.66
2018 年	87.11	74.18
2019 年	91.85	58.38
2020 年	85.29	49.69
2021 年	74.89	50.90

（五）社会综合发展指标

2004—2021 年期间，社会综合发展指标值也呈现上升趋势，2017 年的指标值为87.34，达到该期间最高水平，相较于2004 年，增长了39.61%，涨幅较大，年均涨幅达到2.60%，可见社会综合发展水平也在不断提升。具体数据见图6.6。

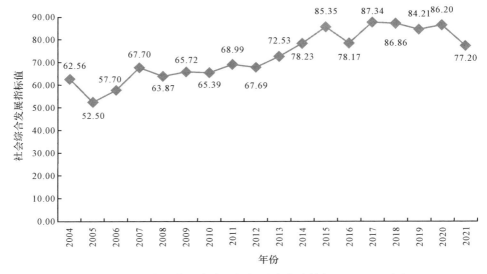

图6.6　浙江省社会综合发展指标值变化趋势（2004—2021年）

根据表6.8，从收入水平和就业情况2个指标来看，这2个指标的值的波动较为明显，在部分年份上的变动较大，比如2005年和2016年。

收入水平指标值呈现稳定上升的趋势，在2016年达到最高水平，为99.52，同比增长了1.29%，与2004年相比，增长了103.39%，年均增幅达到了6.10%，增长幅度较大。

就业情况指标值总体呈现稳中有进的趋势，2021年为82.13，同比增长0.43%，与2005年相比，上升了63.18%，年均增速为3.11%。就业情况指标主要由海洋渔业从业人员占海洋渔业人口的比重（x_{23}）和海洋渔业从业人员占渔业从业人员的比重（x_{24}）2个指标综合反映，前者由2004年的50.50%上升至2021年的95.74%，后者由2004年的95.40%降至74.83%，综上可知就业情况有所改善。

表6.8　浙江省渔业社会综合发展指标的各二级指标值变化情况

时间	收入水平	就业情况
2004 年	48.93	79.71
2005 年	54.23	50.33
2006 年	55.76	60.14

时间	收入水平	就业情况
2007 年	59.96	77.43
2008 年	62.46	65.64
2009 年	63.78	68.16
2010 年	66.97	63.41
2011 年	72.12	65.05
2012 年	73.63	60.23
2013 年	79.44	63.84
2014 年	86.47	67.86
2015 年	98.25	69.13
2016 年	99.52	51.33
2017 年	93.41	79.71
2018 年	91.66	80.82
2019 年	86.63	81.17
2020 年	89.72	81.78
2021 年	73.27	82.13

第四节 ｜ 结论与启示

本章利用2004—2021年浙江省渔业的数据,通过熵权法和灰色关联分析法综合计算得出浙江省渔业高质量发展的整体水平和分项水平。在对浙江省渔业高质量发展的整体水平和分项水平的分析中,得出以下结论与政策启示。

一、本章结论

根据以上分析,可以看到,浙江省渔业高质量发展水平的得分总体呈现上升趋势,但其一级指标和二级指标得分的变动各异。经分析可以得出以下结论:

第一,总体来讲,浙江省渔业高质量发展水平的得分有所上升,但在2019

年后有所回落。这表明,浙江省渔业高质量发展初见成效,高质量发展能力逐步增强。

第二,从资源与环境保护方面来看,指标值呈现波动变化趋势,总体有所上升。其二级指标中,资源水平指标值呈波动上升的趋势,环境影响指标值呈波动下降趋势。这说明浙江省海洋渔业的资源环境得到优化,但需要加大对资源的利用和保护。

第三,从渔业经济发展实力方面来看,指标值呈现总体上升趋势。该指标下的二级指标发展水平和经济效率的值均有所上升,其中发展水平指标值呈现波动变化趋势,投入水平指标值呈现波动上升趋势。这说明浙江省渔业经济发展水平呈现了稳定的提升趋势,发展能力逐渐增强,经济效率方面的提高对经济发展有较大的提升作用。

第四,从渔业产业结构方面来看,指标值呈现波动上升趋势。该指标下的投入水平指标值呈现波动下降态势,产业优势指标值呈现出"U"形的变化。这说明浙江省渔业产业结构存在进一步优化的空间,要加大对产业方面的投入力度,且发挥渔业产业的新优势。

第五,从渔业创新水平方面来看,指标值呈现先升后降的趋势。该指标下的科技投入指标值呈现上升趋势,科技基础建设指标值呈现波动下降趋势,并且科技投入指标值上升幅度较大。这说明浙江省对渔业科技投入和科技基础建设方面较为关注,渔业科技水平的提高能够极大程度地推动渔业的高质量发展,即科技的驱动力逐渐增强。

第六,从社会综合发展方面来看,指标值呈现波动上升趋势。该指标下的收入水平、就业情况指标值均有所上升,但收入水平指标值呈现先升后降的状态,就业情况指标值基本维持稳定状态。这一情况说明近年来浙江省渔业的发展对社会综合发展有较为明显的促进作用,使社会综合发展水平有所提升,且对收入水平和就业情况的影响逐步增强。

二、政策启示

为应对上述分析和结论中的问题,更好地促进渔业高质量发展,本书提出以下的政策启示。

（一）完善渔业管理体制，强化渔业执法管理

依法治海，把海洋资源开发纳入法治化、规范化管理轨道，是促进海洋渔业高质量发展的制度保障。根据我国社会主义市场经济的要求，海洋渔业的管理体制可以借鉴国内工商、海关、质检等系统的做法，建立海上统一执法队伍，实行中央到地方一条线，或中央统一领导、以海区为单位的区域性统一管理模式。首先，要完善海洋渔业基本法律制度，建立健全与海洋制度相适应的渔业法律体系，对海洋渔业相关细则加以说明。例如，对于海洋渔业管理部门执法经费的管理及海洋渔业执法管理人员的招聘考试管理等，需要完善其体制，实现有法可依，有章可循。其次，要加强对渔业执法检查设施的更新及检查手段的改革。目前渔业执法手段较为单一，通信执法设备等硬件设施有待进一步地改善，执法主体在海洋渔业执法管理中应该定期对渔业执法设施及检查手段进行更新，做到人力与机器检查相互配合，全面监督渔业违法情况。最后，要加大执法监督力度，应该全面推进依法行政，认真履行法律赋予的职责，严格按照法定权限和程序对渔业经济活动进行监督管理，严格执行"一打三整治"的相关要求，规范浙江省渔业的发展，对破坏渔业资源、生态环境、产品质量安全及非法捕捞等违法行为加大执法力度，维护法律的尊严和广大渔民的利益，促进海洋渔业的规范发展。

（二）强化渔业高质量发展的技术创新能力

渔业高质量发展的技术创新能力是海洋渔业高质量发展的重要推动力，持续的技术投入是渔业高质量发展的保证。渔业技术的创新使得高新技术产业快速发展，也使得传统渔业的效率提升，促进了海洋渔业的高质量发展，同时，渔业技术的创新有一定的溢出效应，增强了渔业高质量发展的效果。浙江省海洋渔业走科技兴渔之路是不可避免的，建议有三：第一，浙江省应认真借鉴、吸收国内外先进科技成果，将生物技术、工程技术、信息技术等现代化技术应用于渔业资源保护、生产和利用中，利用先进技术培育优质苗种、防止灾病虫害、对水产品进行精深加工等，提高产品在市场中的竞争力。第二，注重对科技资源的投入，吸引先进渔业人才及企业入驻，加强与海洋渔业科研机构的交流，在渔船、渔具等设施和捕捞、养殖、加工等技术方面加大研发力度，提高渔业装备技术的现代化水平。第三，在渔业发展过程中积极学习发展较好的

沿海省区市、国内外先进渔业企业的管理经验,提高浙江省的企业管理水平。

（三）优化海洋渔业产业结构

海洋渔业的健康发展,离不开渔业产业结构的调整和优化。作为沿海大省,浙江省一直在开发和利用海洋渔业资源,但渔业产业结构偏向于低层次结构类型,以海洋捕捞业和养殖业为主,低水平的重复投资和渔业劳动力过度集中。目前,浙江省正由传统的渔业生产方式向新兴的渔业生产方式转变,即由粗放式渔业向集约式渔业转变,其间需要不断加大渔业产业结构优化的力度,通过产业结构的优化来节约渔业资源,增加渔业产出,促进渔业高质量发展。第一,在海洋捕捞业中,采用控制近海、拓展外海、发展远洋的策略,不断推进远洋渔业,特别是大洋性远洋渔业的发展。过度的捕捞和开发利用,超过海域的承载量,会使渔业的增殖能力遭到破坏,最终导致渔业的衰败,因此需要对海洋捕捞的生产结构进行调整。第二,降低捕捞强度,积极发展水产养殖业,在保证健康养殖的同时充分挖掘养殖潜力,与技术创新相结合,提升传统水产养殖业的养殖效率,拓展新的发展空间,推广工厂化、深水网箱的养殖模式,发展高效水产养殖业。第三,在海产品加工业中,应该采取提升加工比例、发展精深加工等方式提高产品价值。同时,采用现代生物技术,开发海洋保健品、药物、生物材料及化工产品,提高海产品的利用价值和经济价值。第四,大力发展休闲渔业。休闲渔业是指通过劳逸结合的渔业活动方式,利用人们的休闲时间、空间来充实渔业的内容和发展空间的产业。发展休闲渔业这种新型渔业有助于提升海洋资源开发利用的多元化,优化渔业的产业结构。

（四）加大对生态环境和渔业资源的保护力度

海洋渔业的高质量发展涉及海洋渔业的环境、资源等各个方面,良好的渔业生态环境和渔业资源是海洋渔业高质量发展的基础。加大对生态环境和渔业资源的保护力度,体现在以下3个方面:第一,要加强浙江省海洋环境保护立法,组织制定相关保护渔业生态环境和渔业资源的规章制度,做到有法可依,对于违法行为进行相应的惩处。第二,加强对近岸海域、海洋环境的监督管理,提高海洋监督管理现代化水平。加强对海洋环境污染的监督管理,严格控制主要污染物的排放量,对于过度捕捞现象也要进行严格的监督管理,从各个方面对海洋环境进行保护和修复。第三,坚持和完善休渔制度。实施休渔制度能够有效地保护渔业资源,浙江省应该认真分析休渔时出现的问题,完善休渔制度,规范休渔管理措施,加强休渔期间的监督,防止渔民及企业的违法捕捞行为。

参考文献

[1]蔡继明,曹越洋,刘乐易.论数据要素按贡献参与分配的价值基础:基于广义价值论的视角[J].数量经济技术经济研究,2023,40(8):1-18.

[2]晁伟鹏,孙剑.1990—2011年新疆农业生产要素投入对农业经济增长的贡献[J].贵州农业科学,2013,41(11):221-224.

[3]陈张磊,程永毅,沈满洪.中国海洋渔业生产效率及其区域差异研究[J].科技与经济,2017,30(6):56-60.

[4]邓聚龙.灰色系统理论教程[M].武汉:华中理工大学出版社,1990.

[5]丁黎黎,朱琳,何广顺.中国海洋经济绿色全要素生产率测度及影响因素[J].中国科技论坛,2015(2):72-78.

[6]杜海东,关伟,王嵩,等.我国海洋科技进步贡献率效率研究:基于索罗和三阶段DEA混合模型[J].海洋开发与管理,2017,34(4):70-80.

[7]杜军,鄢波,冯瑞敏.我国沿海省份海洋经济效率评价研究[J].农业技术经济,2016(6):47-55.

[8]范小建.转变渔业增长方式必须加强渔业经济与政策研究[J].中国渔业经济,2007,129(1):4-6.

[9]冯浩,车斌.我国海洋渔业经济增长方式转变及其影响因素研究[J].中国渔业经济,2017,35(6):74-79.

[10]冯伟良.广东省渔业经济全要素生产率测算[D].广州:华南理工大学,2020.

[11]傅秀梅,宋婷婷,戴桂林,等.山东海洋渔业资源问题分析及其可持续发展策略[J].海洋湖沼通报,2007(2):164-170.

[12]盖美,刘丹丹,曲本亮.中国沿海地区绿色海洋经济效率时空差异及影响因素分析[J].生态经济,2016,32(12):97-103.

[13]高素英,王迪,马晓辉.产业协同集聚对绿色全要素生产率的空间效应研究:来自京津冀城市群的经验证据[J].华东经济管理,2023(1):73-83.

[14]黄瑞芬,王佩.海洋产业集聚与环境资源系统耦合的实证分析[J].经济学动态,2011,600(2):39-42.

[15]黄英明,支大林.南海地区海洋产业高质量发展研究:基于海陆经济一体化视角[J].当代经济研究,2018(9):55-62.

[16]纪建悦,王奇.基于随机前沿分析模型的我国海洋经济效率测度及其影响因素研究[J].中国海洋大学学报(社会科学版),2018(1):43-49.

[17]贾俊霞.中国投入产出核算简介[J].中国统计,2021(3):49-51.

[18]菅康康,俞存根,陈静娜,等.新时代浙江省海洋渔业产业结构分析与建议[J].中国渔业经济,2019,37(2):44-52.

[19]塞令香,苏宇凌,曹珊珊.数字经济驱动沿海地区海洋产业高质量发展研究[J].统计与信息论坛,2021,36(11):28-40.

[20]江涛,范流通,景鹏.两阶段视角下中国寿险公司经营效率评价与改进:基于网络SBM模型与DEA窗口分析法[J].保险研究,2015(10):33-43.

[21]金碚.关于"高质量发展"的经济学研究[J].中国工业经济,2018,361(4):5-18.

[22]乐家华,戴源,刘伟超.渔业产业结构对经济增长影响的实证分析:以沿海9省份为例[J].中国渔业经济,2019,37(1):13-20.

[23]李博,田闯,金翠,等.环渤海地区海洋经济增长质量空间溢出效应研究[J].地理科学,2020,40(8):1266-1275.

[24]李晨,冯伟,邵桂兰.中国省域渔业全要素碳排放效率时空分异[J].经济地理,2018,38(5):179-187.

[25]李晨,李昊玉,孔海峥,等.中国渔业生产系统隐含碳排放结构特征及驱动因素分解[J].资源科学,2021,43(6):1166-1177.

[26]李大海,翟璐,刘康,等.以海洋新旧动能转换推动海洋经济高质量发展研究:以山东省青岛市为例[J].海洋经济,2018,8(3):20-29.

[27]李子奈.计量经济学[M].北京:高等教育出版社,2000.

[28]梁盼盼,俞立平.中国渔业经济投入产出绩效分析:基于1999—2010年面板数据的实证[J].科技与管理,2014,16(2):21-26.

[29]林光纪.我国发展低碳渔业的经济政策探析[J].中国水产,2010(9):25-27.

[30]林江.李普亮.中国财政农业投入的产出弹性分析[J].新疆农垦经济,2009(7):1-7.

[31]林鸢飞.产业结构演化视域下现代海洋渔业全产业链升级路径研究:基于"百亿渔县"温岭的实践探索[J].山西农经,2023(9):120-122.

[32]刘波,龙如银,朱传耿,等.江苏省海洋经济高质量发展水平评价[J].经济地理,2020,40(8):104-113.

[33]刘冲,李皓宇.基于投入产出表的京津冀产业协同发展水平测度[J].北京社会科学,2023(6):37-48.

[34]刘晓晨.渔业经济发展现状及对策分析[J].中国市场,2023(8):43-45.

[35]刘瑛.湖北省农业全要素生产率及其影响因素研究[D].武汉:华中农业大学,2014.

[36]陆佼,杨正勇.捕捞限额制度下主体行为的博弈分析[J].海洋开发与管理,2017,34(4):98-104.

[37]鹿红,王丹.我国海洋生态文明建设的实践困境与推进对策[J].中州学刊,2017,246(6):75-79.

[38]聂红隆,沈友华.海洋产业与陆域产业关联及波及效应研究[J].宁波工程学院学报,2018(1):72-78.

[39]宁凌,宋泽明.海洋科技创新、海洋全要素生产率与海洋经济发展的动态关系:基于面板向量自回归模型的实证分析[J].科技管理研究,2020,40(6):164-170.

[40]平瑛,赵玲蓉.渔业产业经济增长的贡献度分析与预测[J].中国渔业经济,2018,36(4):64-69.

[41]邵桂兰,孔海峥,于谨凯,等.基于LMDI法的我国海洋渔业碳排放驱

动因素分解研究[J].农业技术经济,2015(6):119-128.

[42]邵桂兰,阮文婧.我国碳汇渔业发展对策研究[J].中国渔业经济,2012,30(4):45-52.

[43]生楠,高健,刘依阳.中国海洋产业发展与海洋资源利用的关联度研究[J].海洋经济,2016,6(5):19-25.

[44]苏二豆,郭娟娟,薛军.服务业"引进来"是否促进了制造业"走出去":基于上下游产业关联视角的分析[J].国际贸易问题,2023(3):71-88.

[45]唐启升.碳汇渔业与又好又快发展现代渔业[J].江西水产科技,2011(2):5-7.

[46]田鹏,汪浩瀚,李加林,等.中国海洋渔业碳排放时空变化特征及系统动态模拟[J].资源科学,2023,45(5):1074-1090.

[47]万淑雅,王颖.基于产业结构优化的我国海洋渔业发展[J].海洋开发与管理,2019,36(6):67-68,73.

[48]汪克亮,袁鸿宇.技术创新、环境规制与渔业碳排放效率[J].中国渔业经济,2022,40(6):27-43.

[49]王波,翟璐,韩立民,等.产业结构调整、海域空间资源变动与海洋渔业经济增长[J].统计与决策,2020,36(17):96-100.

[50]王波,倪国江,韩立民.产业结构演进对海洋渔业经济波动的影响[J].资源科学,2019,41(2):289-300.

[51]王春娟,刘大海,王玺茜,等.国家海洋创新能力与海洋经济协调关系测度研究[J].科技进步与对策,2020,37(14):39-46.

[52]王建华,肖勇朋.生态环境效率影响因素和时空演变特征分析:以江苏省为例[J].生态经济,2023,39(7):165-170.

[53]王俊元,曹玲玲,胡求光.浙江海洋渔业产业链及其贡献度分析[J].科技与经济,2016,29(1):57-61.

[54]王璐,杨汝岱,吴比.中国农户农业生产全要素生产率研究[J].管理世界,2020,36(12):77-93.

[55]王邵萱,刘依阳.发展渔家乐产业的政府与渔民博弈策略研究[J].中国渔业经济,2017,35(1):48-53.

[56]王秀梅,李佩国.中国渔业全要素生产率的动态实证分析(2003—2012):基于 Malmquist 指数方法[J].河北科技师范学院学报,2014,28(3):70-75.

[57]魏权龄.数据包络分析(DEA)[M].北京:科学出版社,2006.

[58]吴利学,方萱.中国数字经济的投入产出与产业关联分析[J].技术经济,2022,41(12):91-98.

[59]吴玉鸣,李建霞.基于地理加权回归模型的省域工业全要素生产率分析[J].经济地理,2006,26(5):748-752.

[60]吴玉鸣.中国区域农业生产要素的投入产出弹性测算:基于空间计量经济模型的实证[J].中国农村经济,2010(6):25-37.

[61]吴子彦.基于可持续发展的我国海洋渔业资源有效管理研究[D].长春:吉林大学,2009.

[62]席利卿,彭可茂.技术进步、技术效率与中国渔业增长分析[J].中国科技论坛,2010(3):124-128.

[63]向书坚,徐映梅,郑瑞坤.国民经济核算[M].北京:北京大学出版社,2019.

[64]项怡娴,苏勇军,邹智深,等.浙江海洋旅游产业发展综合研究[M].杭州:浙江大学出版社,2018.

[65]肖乐,刘禹松.碳汇渔业对发展低碳经济具有重要和实际意义 碳汇渔业将成为新一轮渔业发展的驱动力:专访中国科学技术协会副主席、中国工程院院士唐启升[J].中国水产,2010(8):4-8.

[66]肖姗,孙才志.基于 DEA 方法的沿海省市海洋渔业经济发展水平评价[J].海洋开发与管理,2008,25(4):90-94.

[67]徐皓.我国渔业节能减排基本情况研究报告[J].渔业现代化,2008(4):1-7.

[68]许冬兰,王樱洁.我国沿海渔业碳生产率的区域差异及影响因素[J].中国农业大学学报,2015,20(2):284-290.

[69]鄢波,杜军,冯瑞敏.沿海省份海洋科技投入产出效率及其影响因素实证研究[J].生态经济,2018,34(1):112-117.

［70］杨飞.产业智能化如何影响劳动报酬份额:基于产业内效应与产业关联效应的研究［J］.统计研究,2022,39(2):80-95.

［71］杨福霞,杨冕.能源与非能源生产要素替代弹性研究:基于超越对数生产函数的实证分析［J］.资源科学,2011,33(3):460-467.

［72］杨建毅.浙江省海洋渔业可持续发展的评估与对策研究［D］.杭州:浙江大学,2004.

［73］尹方平,何理,赵文仪.基于Cobb-Douglas函数的中亚农业生产要素贡献研究［J］.农村经济与科技,2021,32(20):47-50.

［74］于梦璇,孙苗,于清溪.海洋优势产业甄别的新结构经济学方法:基于Bootstrap的投入产出弹性测算［J］.生态经济,2023,39(2):53-59.

［75］于淑华,于会娟.中国沿海地区渔业产业效率实证研究:基于DEA的Malmquist指数分析［J］.中国渔业经济,2012,30(3):140-146.

［76］岳冬冬,王鲁民,鲍旭腾,等.中国近海捕捞渔业生产效率的实证研究:基于DEA-Malmquist指数方法［J］.浙江农业学报,2014,26(6):1673-1679.

［77］岳冬冬,王鲁民,王茜,等.我国海洋捕捞渔业温室气体排放量估算与效率分析［J］.山西农业科学,2013,41(8):873-876.

［78］岳冬冬,王鲁民.中国低碳渔业发展路径与阶段划分研究［J］.中国海洋大学学报(社会科学版),2012(5):15-21.

［79］曾冰.长江经济带渔业经济碳排放效率空间格局及影响因素研究［J］.当代经济管理,2019,41(2):44-48.

［80］詹长根,王佳利,蔡春美.沿海地区海洋经济效率及驱动机理研究［J］.工业技术经济,2016,35(7):51-58.

［81］张春玲.农业生产要素投入产出弹性的空间计量分析［J］.经济实证,2014(19):137-141.

［82］张红智,王波,王红艳.渔业多样化、专业化对渔业产业结构升级的影响［J］.统计与决策,2018,34(16):99-104.

［83］张立新,朱道林,杜挺,等.基于DEA模型的城市建设用地利用效率时空格局演变及驱动因素［J］.资源科学,2017,39(3):418-429.

［84］张彤.基于DEA方法的中国海洋捕捞产业动态生产效率［J］.中国渔

业经济,2007(4):6-10.

[85]张樨樨,郑珊,余粮红.中国海洋碳汇渔业绿色效率测度及其空间溢出效应[J].中国农村经济,2020(10):91-110.

[86]张显良.碳汇渔业与渔业低碳技术展望[J].中国水产,2011(5):8-11.

[87]张荧楠.海洋渔业产业结构优化对碳排放效率的影响:基于我国沿海地区的空间计量分析[J].海洋开发与管理,2021,38(4):3-15.

[88]张祝利,王玮,何雅萍.我国渔船作业过程碳排放的估算[J].上海海洋大学学报,2010,19(6):848-852.

[89]赵东安,王卫星.主导产业生产要素贡献度的实证研究:以江苏省为例[J].常州大学学报(社会科学版),2013,14(1):45-48.

[90]赵锐,何广顺,赵昕,等.海洋经济投入产出模型研究[J].海洋开发与管理,2007,24(6):132-136.

[91]赵锐,王倩.海洋经济投入产出分析实证研究:以天津市为例[J].技术经济与管理研究,2008(5):79-82.

[92]赵昕,雷亮,彭楠,等.海洋渔业投入产出区域差异的测度[J].统计与决策,2019,35(4):137-140.

[93]郑慧,代亚楠.中国海洋渔业空间生态格局探究:以我国沿海11个省市为例[J].海洋经济,2019,9(4):44-54.

[94]郑莉,林香红,付瑞全.区域海洋渔业科技进步贡献率的测度与分析:基于面板数据模型的实证[J].科技管理研究,2019,39(12):85-90.

[95]郑莉,张杰.海洋渔业生产要素的经济效益研究:基于中国11个沿海省市及5大海洋经济区域的面板数据分析[J].海洋经济,2014,4(1):5-11.

[96]郑休休,刘青,赵忠秀.产业关联、区域边界与国内国际双循环相互促进:基于联立方程组模型的实证研究[J].管理世界,2022,38(11):56-70,145,71-80.

[97]周洪霞,陈洁.我国渔业产业结构现状分析[J].中国渔业经济,2017,35(5):25-31.

[98]庄思哲,白福臣.中国海洋生物资源现状及可持续利用对策[J].产业与科技论坛,2012,11(19):21-23.

[99]CHARNES A, CLARK C T, COOPER W W, et al. A developmental study of data envelopment analysis in measuring the efficiency of maintenance units in the US air forces[J]. Annals of operations research, 1984, 2 (1): 95–112.

[100]CHEN X, DI Q, HOU Z, et al. Measurement of carbon emissions from marine fisheries and system dynamics simulation analysis: China's northern marine economic zone case[J]. Marine policy, 2022, 145: 105279.

[101]CHEN Y, ZHANG R, MIAO J. Unearthing marine ecological efficiency and technology gap of China's coastal regions: a global meta-frontier super SBM approach[J]. Ecological indicators, 2023, 147: 109994.

[102]CHUNG Y H, FÄRE R, GROSSKOPF S. Productivity and undesirable outputs: a directional distance function approach[J]. Journal of environmental management, 1997, 51(3): 229–240.

[103] CLARK B J,MCCREA C R,SEAGER R H, et al. The present state of the theory of distribution-discussion[J]. Publications of the american economic association,1906,7(1):46–60.

[104]COOPER W W, LI S, SEIFORD L M, et al. Sensitivity and stability analysis in DEA: some recent developments[J]. Journal of productivity analysis, 2001, 15: 217–246.

[105]FÄRE R, GROSSKOPF S, NORRIS M, et al. Productivity growth, technical progress, and efficiency change in industrialized countries[J]. The American economic review, 1994, 84(1): 66–83.

[106]GAO Y, FU Z, YANG J, et al. Spatial‑temporal differentiation and influencing factors of marine fishery carbon emission efficiency in China [J]. Environment, development and sustainability, 2024, 26(1): 453–478.

[107] GARZA-GIL M D,JUAN C,SURÍS-REGUEIRO, et al. Using input-output methods to assess the effects of fishing and aqua-culture on a regional economy: the case of Galicia, Spain[J]. Marine policy, 2017, 85: 48–53.

[108]HUBMER J, RESTREPO P. Not a typical firm: the joint dynamics of firms, labor shares, and capital-labor substitution[R]. NBER Working Paper 28579, 2021.

[109] LEONTIEF W W. Quantitative input and output relations in the economic systems of the United States[J]. The review of economic statistics, 1936,18(3): 105-125.

[110]LI W, QIAN C , JINGDE L ,et al. Measurement and analysis on contribution rate of cotton input factors in China: based on time-varying elasticity production function[J]. Agricultural economy and development, 2017, 29 (11): 1938-1948.

[111]LIU G, XU Y, GE W, et al. How can marine fishery enable low carbon development in China? Based on system dynamics simulation analysis [J]. Ocean & coastal management, 2023, 231: 106382.

[112]LÓPEZ-BERMÚDEZ B, FREIRE-SEOANE M J, GONZÁLEZ-LAXE F. Efficiency and productivity of container terminals in Brazilian ports (2008 – 2017)[J]. Utilities policy, 2019, 56(NO. C): 82-91.

[113] MAGHRABIE H F, BEAUREGARD Y, SCHIFFAUEROVA A. Multi-criteria decision making problems with unknown weight information under uncertain evaluations[J]. Computers & industrial engineering, 2019, 133: 131-138.

[114]MALMQUIST S. Index numbers and indifference surfaces[J]. Trabajos de estadística, 1953, 4(2): 209-242.

[115] MANKIW N G. Principles of economics[M]. Burlington: Cengage Learning, 2020.

[116]MOHD A, ZHENGYONG Y. The evolution of information and communications technology in the fishery industry: the pathway for marine sustainability[J]. Marine pollution bulletin,2023,193(Suppl C):115231.

[117] PAUL A D, et al. Technical choice, innovation, and economic growth: essays on American and British experience in the Nineteenth Century

［J］.Business history reviews, 1975, 49（3）:364-367.

［118］SOLOW R M. Technical change and the aggregate production func-tion［J］. The review of economics and statistics, 1957, 39（3）: 312-320.

［119］STIGLITZ J .Capitalism, Socialism and Democracy［M］. New York: Harper torchbooks, 1942.

［120］TONE K. A slacks-based measure of efficiency in data envelop-ment analysis［J］.European journal of operational research, 2001, 130（3）: 498-509

［121］WANG T, HE G S, ZHOU Q L, et al. Designing a Framework for Marine Ecosystem Assets Accounting［J］.Ocean coastal & management, 2018, 163: 92-100.

［122］WANG Y X, WANG N. The role of the marine industry in China's national economy:an input-output analysis［J］. Marine policy, 2019,99:42-49.

［123］WEERATUNGE N, CHRISTOPHE BÉNÉ, SIRIWARDANE R, et al. Small-scale fisheries through the wellbeing lens ［J］.Fish and fisheries, 2013, 15（2）: 255-279.

［124］WILLISON J H M, CÔTÉ R P. Counting biodiversity waste in in-dustrial eco-efficiency: fisheries case study［J］. Journal of cleaner production, 2009, 17（3）: 348-353.

后　记

　　发展渔业、增加水产品供给、建设"蓝色粮仓"是保障粮食安全的一项重要举措。浙江省是渔业大省,浙江省在海洋经济发展"十四五"规划中明确提出,建设千亿级现代海洋渔业集群,加快远洋渔业产业化发展,大力提升水产品精深加工业发展与营销能力,促进海洋渔业一二三产融合发展。为更加全面地分析浙江省渔业发展现状,撰写组收集了大量的渔业发展资料,查阅了相关年度的《中国渔业统计年鉴》等资料,结合工作中所开展的渔业课题研究,通过构建模型,对浙江省渔业发展的基本状态、效率效益、要素配置、结构优化及高质量发展等问题进行了分析,并提出了促进浙江省渔业发展的若干建议。

　　本书由浙江省海洋科学院和浙江工商大学经济运行态势预警与模拟推演实验室(浙江省哲学社会科学培育实验室)、统计数据工程技术与应用协同创新中心(浙江省2011协同创新中心)的研究团队合作撰写,浙江省海洋科学院王志文高级经济师负责设计全书的框架并承担了统稿工作。具体的协作分工任务如下:第一章、第六章由王志文高级经济师完成,第二章、第三章由王志文高级经济师、陈思超博士完成;第四章、第五章由茅克勤高级工程师、陈骥教授完成。在写作过程中,浙江工商大学统计与数学学院的硕博士研究生(李相文、张馨玥、童菁宇、廖康位、苏佳楠、李志奇等)参与相关章节的讨论和资料整理等工作。

　　在本书出版之际,我们要感谢给予支持和帮助的有关单位和同人,也要感谢国家社会科学基金重大项目(21&ZD154)的资助。同时,本书也得到了浙江工商大学经济运行态势预警与模拟推演实验室(浙江省哲学社会科学培育实验室)、统计数据工程技术与应用协同创新中心(浙江省2011协同创新中心),

以及浙江省登峰学科、浙江省省属重点建设高校优势特色学科(浙江工商大学统计学)及浙江省高校领军人才培养计划的联合资助,在此一并表示感谢。

由于我们掌握的资料有限,加之发展渔业是一项系统性工作,我们在渔业发展评价的方法和指标体系上做了一些有益的实践探索和尝试,但在评价的深度和广度上还有不足,期待同行专家给予批评指正,我们将不断修改和完善。

王志文

2024年3月

于杭州